Geometrische Aufgaben

nach

der Methode der Griechen

bearbeitet

von

Dr. W. A. Diesterweg

ord. Professor der Mathematik auf der königl. preuss. Rheinuniversität.

Mit XIV. Kupfertafeln.

Berlin

bey Georg Reimer

1825.

Den Herren Professoren

M. BLAND

in Cambridge,

IO. WILH. CAMERER

in Stuttgart,

KARL FR. HAUBER

in Maulbronn,

IOHN LESLIE

in Edinburg,

den gründlichen Kennern

der Geometrie der Griechen,

mit ausgezeichneter Hochachtung

gewidmet

von dem Verfasser.

Vorrede.

Da die geometrische Analysis nichts anderes zum Gegenstande hat, als die Zurückführung der Auflösung einer Aufgabe, oder des Beweises eines Lehrsatzes auf die näheren, oder entfernteren Bedingungen, von welchen die Auflösung, oder der Beweis abhangt, so leuchtet die Wichtigkeit des Studiums derselben für den jungen Mathematiker von selbst in die Augen. Eine vieljährige Erfahrung hat auch den Unterzeichneten gelehrt, dafs gerade diejenigen unter den Studierenden, welche das grössere Talent für das mathematische Studium besitzen, das grössere Interesse für das Studium der geometrischen Analysis zeigen. Die Vorlesungen über diese Disciplin der Mathematik gehören deſshalb zu den angenehmsten, welche der Unterzeichnete zu halten hat. Er hatte darin Veranlassung, eine groſse Anzahl alter und neuer Aufgaben nach der Methode der Griechen zu bearbeiten. Eine Auswahl aus denselben ist die vorliegende Sammlung, welche zunächst für seine Vorlesungen bestimmt ist, um in denselben auf sie zurück zu kommen, und seinen Zuhörern Gelegenheit zu eigener selbstständiger Bearbeitung darzubieten. Möge sie zugleich als ein Beitrag zur Belebung des geometrischen Studiums angesehen werden, und auch in gröſserem Kreise, besonders unter den Schulmännern, Berücksichtigung und Theilnahme finden! Einer Belebung scheint das geometrische Studium überhaupt, das der Schriften der Griechen insbesondere zu bedürfen, in einer Zeit, in welcher der Calcul über die Gebühr erhoben, und seine Anwendung auf geometrische Lehren vorzugsweise empfohlen wird. Der Verfaſser hegt die lebendige Ueberzeugung, laſs dieses Verfahren, wenn es den rein-geometrischen Weg ausschlieſset, der Wissenschaft zum Schaden gereichen werde, da ihm die Geometrie mehr Mathematik zu enthalten scheint, als der Calcul. — Möge die Herausgabe dieser Sammlung zugleich als eine Erfüllung des in der Vorrede zur Bearbeitung der Bücher des Apollonius von Perga *de sectione determinata* unbestimmt gegebenen Versprechens angesehen werden!

Mehrere der nachfolgenden Aufgaben, nahmentlich Aufg. 54. dritte Analysis, Aufg. 56. zweite Analysis, Aufg. 86. 89. 95. 100. zweite Aufl., Aufg. 102. 111. 119. 120. 125. 126. 127., verdanken die Leser der gefälligen Mittheilung des Herrn *Th. Eschweiler*, Lehrers der Mathematik und Physik an dem Carmeliter-Collegium zu Köln am Rhein, eines jungen Mannes, welcher seltene Eigenschaften in sich vereiniget, und mit gleicher Leichtigkeit in dem Felde der Geometrie und dem des Calculs arbeitet, dessen Lehrgeschicklichkeit auch schon vielfältige Anerkennung gefunden hat und je länger, je mehr finden wird. Aufgabe 94. rührt von einem hoffnungsvollen Studierenden der hiesigen Universität, Herrn *Fr. Ley*, her.

Bonn im Februar
1825.

Diesterweg.

S a m m l u n g

Geometrischer Aufgaben.

Aufgabe 1. (*Fig.* 1.)

Ein Dreieck zu beschreiben, in welchem die Grundlinie der gegebenen geraden Linie g, der Winkel der Spitze dem gegebenen Winkel α, und die Schenkelsumme der gegebenen geraden Linie S gleich sey.

Analysis.

Es sey $\triangle$ABC das verlangte, so liegt, wegen der gegebenen Grundlinie BC und des gegebenen Winkels BAC, der Punkt A auf dem Umfange eines der Gröſse und, wenn BC als der Lage nach gegeben angesehen wird, der Lage nach gegebenen Kreisabschnittes (s. des Apollonius von Perga ebene Oerter, wiederhergestellt von Rob. Simson, übersetzt von Camerer, Leipz. 1796. pag. 33.). Macht man EA=AC und zieht die gerade Linie EC, so ist BEC$=\frac{1}{2}$BAC$=\frac{1}{2}\alpha$, also liegt gleichfals der Punkt E auf dem Umfange eines der Lage und Gröſse nach gegebenen Kreisabschnittes (s. Apollonius l. c.). Da überdieſs

$$BE = \begin{cases} BA + \begin{cases} AE \\ AC \end{cases} \\ S \end{cases}$$

so liegt der Punkt E auch auf dem Umfange eines anderen, der Gröſse und Lage nach gegebenen Kreises (Apollonius ebene Oerter pag. 33.), folglich ist der Punkt E, mithin die Lage der geraden Linie BE (Euklids Data, verb. von R. Simson, übers. von Schwab, Stuttgart 1780. Satz 29.), somit der Punkt A (Dat. 28.) und das ganze Dreieck ABC (Dat. 29.) gegeben.

Construction.

Man beschreibe über BC=g einen des Winkels α fähigen Kreisabschnitt BOC, mache BD=DC, BDO=R, ziehe die gerade Linie BO, und beschreibe aus O als Mittelpunkt mit einem Radius =BO einen Kreis. Auch werde aus B als Mittelpunkt mit einem Radius =S ein Kreis beschrieben, welcher den zuletzt beschriebenen in E erreiche. Zieht man die den zuerst beschriebenen Kreis in A schneidende gerade Linie BE, und verbindet die Punkte B, C mit A durch die geraden Linien BA, AC, so ist △BAC das verlangte.

Determination.

Vermöge El. I. 20. mufs S>g seyn.

Damit der dritte Kreis den zweiten Kreis erreiche, mufs seyn $S \overset{=}{<} BR$ (Euklids Elemente III. 15.), wenn BR ein Durchmesser des zweiten Kreises ist.

Nun ist $\left.\begin{matrix} CB \\ g \end{matrix}\right\} : BR = \sin.\frac{1}{2}a : 1$ (Diesterwegs Lehrbuch der Trigonometrie, Bonn 1824. Lehrsatz 11.)

also mufs seyn $g : S \overset{=}{>} \sin.\frac{1}{2}a : 1$ (El. V. 8.)

Beweis.

$$\text{Es ist } g : S \overset{=}{>} \left\{\begin{matrix} \sin.\frac{1}{2}a : 1 \\ CB : BR \end{matrix}\right.$$

also $S \overset{=}{<} BR$ (El. V. 10.).

Da auch S>BC seyn mufs, so berührt (Fig. 1. a.), oder schneidet (Fig. 1. b.) der dritte Kreis den Bogen

BEC in einem Punkte E. Auch ist, wenn die gerade Linie EC gezogen wird,

$$BAC = \left\{ \begin{matrix} E \\ \frac{1}{2}BAC \end{matrix} \right\} + ACE \qquad \text{(El. III. 20.)}$$

$$\text{also } \frac{1}{2}BAC = ACE$$

$$\text{folglich } EA = AC$$

$$\text{mithin } BA + AC = \left\{ \begin{matrix} BA + AE \\ BE \\ S \end{matrix} \right. .$$

Da auch BAC=α (Constr.), so ist $\triangle$ABC das verlangte.

Zusatz 1.

Der Punkt A (Fig. 1. a.) bestimmt eine gröſsere Schenkelsumme, als jeder andere Punkt des Bogens BAC, und jeder demselben näher liegende eine gröſsere, als der entferntere.

Zusatz 2.

Im Fall des Schneidens giebt es zwey Dreiecke mit der gegebenen Eigenschaft, wie von selbst erhellet.

Anmerkung.

In ganz ähnlicher Art läſst sich die Aufgabe auflösen, wenn statt der Schenkelsumme die Schenkeldifferenz gegeben ist.

Aufgabe 2.

Ein Dreieck zu beschreiben, in welchem die Grundlinie und Höhe gegebenen geraden Linien, der Winkel der Spitze einem gegebenen Winkel gleich seyn.

Analysis.

Wenn die Grundlinie als der Lage nach gegeben angenommen wird, so liegt wegen der der Gröſse nach gegebenen Grundlinie und des gegebenen Winkels der Spitze die Spitze auf einem der Gröfse und Lage nach gegebenen Kreisumfange (Apollonius ebene Oerter p. 33.). Wegen der gegebenen Höhe liegt dieselbe auf einer der Lage nach gegebenen geraden Linie (Apollonius ebene Oerter p. 35.). Sie ist also gegeben (Dat. 28.), somit das ganze Dreieck gegeben.

Constr. Det. Bew.

ergeben sich aus dem Gesagten von selbst.

Anmerkung.

Ist statt der Höhe die Gröfse der von der Spitze zu dem Halbirungspunkte der Grundlinie gezogenen geraden Linie gegeben, so wird die Aufgabe eben so leicht aufgelöset, als die vorhergehende.

Aufgabe 3. (*Fig.* 2.)

Ein Dreieck zu beschreiben, in welchem die Grundlinie der gegebenen geraden Linie g, der Winkel der Spitze dem gegebenen Winkel α, das Rechteck der Schenkel dem Quadrate der gegebenen geraden Linie β gleich sey.

Analysis.

Es sey $\triangle ACB$ das verlangte, so liegt, wenn AB als der Lage nach gegeben angenommen wird, der Punkt C wegen der der Gröfse nach gegebenen Grundlinie AB und des gegebenen Winkels ACB, auf einem der Gröfse und Lage nach gegebenen Kreisumfange (Apollonius ebene Oerter pag. 33.). Wenn O der Mittelpunkt und CR der Diameter dieses Kreises ist, auch die gerade Linie BR gezogen wird, so ist, wenn $CKA = R$,

$\triangle ACK \backsim \triangle BCR$ (El. VI. 4.)

also $AC : CK = RC : CB$

folglich $RC . CK = \left\{ \begin{array}{l} AC . CB \text{ (El. VI. 16.)} \\ \beta^2 \text{ (p. hyp.)} \end{array} \right.$

mithin $RC : \beta = \beta : CK$ (El. VI. 17.)

demnach ist CK (Dat. 2.) der Gröſse nach gegeben, also liegt C auf einer der Lage nach gegebenen geraden Linie (Apoll. ebene Oerter p. 35.), folglich ist (Dat. 28.) der Punkt C, somit $\triangle ABC$ gegeben.

Construction.

Man beschreibe über der geraden Linie AB, welche $= g$ gemacht wird, einen des Winkels α fähigen Kreisabschnitt, verbinde den Punkt A mit dem Mittelpunkte O durch die gerade Linie AO, mache $BAG = BAE = R$, $EA = AO$, $DA = \frac{1}{2}\beta$, $FA = \beta$, $AFG = AED$, $GC \# AB$, und verbinde den Durchschnitt dieser Linie und des Kreises mit den Punkten A, B durch die geraden Linien AC, CB, so ist $\triangle ABC$ das verlangte.

Determination.

Damit GC den Kreis erreiche, muſs $AG \overset{=}{<} LH$ seyn, wenn $AL = LB$, $ALH = R$, und H der Durchschnitt der Linie LH mit dem Umfange des Kreises ist.

Es ist $\left. \begin{array}{l} LA \\ \frac{1}{2}g \end{array} \right\} : AO \\ g : 2AO \end{array} \right\} = \sin. \alpha : 1$ (El. III. 20.)

Ferner ist $EA : \left. \begin{array}{l} AD \\ \frac{1}{2}\beta \end{array} \right\} = \left. \begin{array}{l} FA \\ \beta \end{array} \right\} : AG$ (El. VI. 4.)

$\left. \begin{array}{l} 2EA \\ 2AO \end{array} \right\} : \beta$

also ist $g : \beta = \beta . \sin. \alpha : AG$

Endlich ist $\left.\begin{array}{l}AL\\ \frac{1}{2}g\end{array}\right\} : LH = 1 : \cot.\frac{1}{2}\alpha$ (Diesterwegs Trigon. Lehrs. 11 Zus. 2.)

folglich $LH = \frac{1}{2}g \,.\, \cot.\frac{1}{2}\alpha$

mithin muſs seyn

$$g:\beta \geqq \left\{\begin{array}{l}\left\{\begin{array}{c}\beta\sin.\alpha\\ 2\beta\sin.\frac{1}{2}\alpha \,.\, \cos.\frac{1}{2}\alpha\end{array}\right\} : \frac{1}{2}g \,.\, \cot.\frac{1}{2}\alpha\\ 4\beta\,\overline{\sin.\frac{1}{2}\alpha}^2 \qquad : g\end{array}\right.$$

(Diesterwegs Trigonom. pag. 13.)

somit $g^2 \geqq 4\beta^2\,\overline{\sin.\frac{1}{2}\alpha}^2$ (Propositionum de rationibus inter se diversis demonstrationes ed. Hauber, Tub. 1793. §. 53.)

also $g \geqq 2\beta\sin.\frac{1}{2}\alpha$.

Beweis.

Es ist $g \geqq 2\beta\sin.\frac{1}{2}\alpha$ (Det.)

also $g^2 \geqq 4\beta^2\,\overline{\sin.\frac{1}{2}\alpha}^2$

$$\left.\begin{array}{l}\text{folglich } g:\beta\\ \beta\sin.\alpha : AG\end{array}\right\} \geqq \left\{\begin{array}{l}4\beta\,\overline{\sin.\frac{1}{2}\alpha}^2 : g \text{ (Hauber §. 53.)}\\ \beta\sin.\alpha : \left\{\begin{array}{l}\frac{1}{2}g \,.\, \cot.\frac{1}{2}\alpha\\ LH,\text{ wie aus der Det. erhellet,}\end{array}\right.\end{array}\right.$$

mithin ist $AG \leqq LH$ (El. V. 10.)

demnach berührt (Fig. 2. a.), oder schneidet (Fig. 2. b.) die Linie GC den Kreis. Auch ist

$$\begin{aligned} AC \,.\, CB &= 2AO \,.\, CK, \text{ wenn } CKA = R \text{ (El. VI. 4. 14.)}\\ &= \left.\begin{array}{l}2EA \,.\, AG\\ 2DA \,.\, AF\end{array}\right\}\text{(Constr.)}\\ &= \beta^2 \text{ (El. VI. 17.).}\end{aligned}$$

Da auch $ACB = \alpha$, $AB = g$, so ist $\triangle ABC$ das verlangte.

Zusatz 1.

Es erhellet von selbst, dafs es im Fall eines Durchschnittes (Fig. 2. b.) zwey Dreiecke mit der gegebenen Eigenschaft giebt.

Zusatz 2.

Da $g \geqq 2\beta \sin. \frac{1}{2}\alpha$ seyn mufs (Det.)

---

also $\beta : g \leqq 1 : 2 \sin. \frac{1}{2}a$ (Hauber §. 52.)

---

folglich $\beta : \frac{1}{2}g \leqq \begin{cases} 1 : \sin. \frac{1}{2}\alpha \\ HA : AL \end{cases}$

---

so mufs $\beta \leqq AH$ seyn.

Zusatz 3.

Da (Fig. 2. b.) $AH . HB = \begin{cases} 2OA.AL, & \text{wenn die gerade Linie HB gezogen wird (El. VI. 4. 14.)} \\ 2OA.AQ, & \text{wenn } HQ \# AG, \end{cases}$

---

so ist $AH . HB > \begin{cases} 2OA.AG \\ AC.CB \end{cases}$

also bestimmt der Punkt H ein gröfseres Reckteck, als jeder andere Punkt des Bogens AHB, und jeder demselben näher liegende ein gröfseres, als der entferntere.

Zusatz 4.

Wenn auch $g \geqq 2\beta \cos. \frac{1}{2}\alpha$

---

also $\beta : g \leqq 1 : 2 \cos. \frac{1}{2}\alpha$ (Hauber §. 52.)

folglich $\beta : \frac{1}{2}g \overset{=}{<} 1 : \begin{cases} \cos. \frac{1}{2}\alpha \\ \sin. AH^1L, \end{cases}$ wenn (Fig. 2. b.) HL bis zu d. Durchschnitte H^1 mit dem Kreise verlängert wird.

$H^1A : AL$, wenn die gerade Linie AH^1 gezogen wird.

---

mithin $\beta \overset{=}{<} H^1A$ (El. V. 10.)

---

somit $\left.\begin{array}{l} \beta^2 \\ 2OA \,.\, AG \\ 2OA \,.\, AG^1 \end{array}\right\} \overset{=}{<} \left\{\begin{array}{l} H^1A^2 \\ AH^1 \,.\, H^1B, \\ 2AO \,.\, H^1L, \end{array}\right.$

wenn man die gerade Linie H^1B zieht (El. 1. 4.), wenn $G^1A = AG$ gemacht wird,

---

demnach $AG^1 \overset{=}{<} LH^1$

also berührt, oder schneidet auch die gerade Linie G^1C, welche $\#AB$ gezogen wird, den Kreisumfang, und bestimmt ein Dreieck AH^1B, oder zwey Dreiecke AC^1B auf der gegebenen Grundlinie mit einem Winkel an der Spitze, welcher den Winkel α zu 2R ergänzt, und einem Rechtecke der Schenkel AC, CB, welches $= 2AO.CK$

$= \begin{cases} 2OA.AG^1 \\ \beta^2. \end{cases}$

Aufgabe 4.

Ein Dreieck zu beschreiben, in welchem die Grundlinie der gegebenen geraden Linie g, der Winkel der Spitze dem gegebenen Winkel α und das Schenkelverhältnifs dem Verhältnifse der gegebenen geraden Linien p : q gleich sey.

Analysis.

Es sey $\triangle BAC$ das verlangte, so ist dasselbe wegen des gegebenen Winkels der Spitze und des gegebenen Verhältnisses der Seiten der Art nach (Dat. 44.), wegen der gegebenen Grundlinie auch der Gröfse nach (Dat. 56.), mithin sind die Seiten desselben (Dat. 60.), somit ist das Dreieck gegeben.

Construction.

Man beschreibe über der geraden Linie $BC=g$ einen des gegebenen Winkels α fähigen Kreisabschnitt BAC, mache $BCD=\alpha$, $CP=p$, $CQ=q$, $BD \# PQ$, und ziehe den Durchschnitt A der Linie BD mit dem Kreisbogen durch die gerade Linie AC mit dem Punkte C zusammen, so ist $\triangle ABC$ das verlangte.

Beweis.

Es ist $\triangle BAC \backsim \triangle BCD$ (El. VI. 4.)

$$\begin{aligned} \text{also } BA:AC &= BC:CD \\ &= PC:CQ \\ &= p:q \end{aligned}$$

Da auch $BC=g$, $BAC=\alpha$, so hat $\triangle$ BAC die gegebenen Eigenschaften.

Aufgabe 5. (*Fig.* 4.)

Ein Dreieck zu beschreiben, in welchem die Grundlinie der gegebenen geraden Linie g, der Winkel der Spitze dem gegebenen spitzen Winkel α, und die Summe der Quadrate der Schenkel dem Doppelten des Quadrates der gegebenen geraden Linie β gleich sey.

Analysis. (Fig. 4. b.)

Es sey $\triangle ABC$ das verlangte, so ist, wenn $AEB = R$,

$$BA^2 = AE^2 + EB^2,\quad AC^2 = AE^2 + EC^2 \quad \text{(El. I. 47.)}$$

$$\text{also } \underbrace{BA^2 + AC^2}_{2\beta^2} = 2AE^2 + \underbrace{BE^2 + EC^2}_{2BD^2 + 2DE^2} \quad \text{(El. II. 9.)}$$

$$= 2BD^2 + 2DA^2$$

$$\text{folglich } \beta^2 = \underbrace{BD^2}_{\frac{1}{4}g^2} + DA^2$$

$$\text{mithin } \beta^2 - \tfrac{1}{4}g^2 = DA^2$$

demnach ist DA^2, somit auch DA gegeben; also liegt der Punkt A auf dem Umfange eines der Gröſse, und wenn BC auch als der Lage nach gegeben angesehen wird, auch der Lage nach gegebenen Kreises (Dat. 30.). Da er auch wegen des gegebenen Winkels BAC und der der Gröſse nach gegebenen Linie BC auf dem Umfange eines der Gröſse, und in so fern BC auch der Lage nach gegeben ist, auch der Lage nach gegebenen Kreisabschnittes liegt (Apollonius ebene Oerter p. 33.), so ist derselbe, und mit ihm das Dreieck gegeben.

Construction.

Man mache $BC = g$, $BD = DC$, $BDO = R$, beschreibe aus B als Mittelpunkt mit einem Radius $= \beta$ einen Kreis, welcher der Linie DO in O begegne, beschreibe aus D als Mittelpunkt mit einem Radius $= DO$ einen Kreis, welcher den Kreisbogen BAC in A erreiche, und ziehe die geraden Linien BA, AC, so ist $\triangle ABC$ das verlangte.

Determination.

Da vermöge El. II. 13. die Summe der Quadrate der Schenkel, welche einen spitzen Winkel einschlieſsen,

$>$ als das Quadrat der gegenüber liegenden Seite, so mufs seyn, $2\beta^2 > g^2$. Damit der aus D als Mittelpunkt mit einem Radius $=$BO beschriebene Kreis den über BC liegenden Kreisbogen erreiche, mufs seyn

$$OD \overset{=}{<} DM$$

$$\text{also } \begin{cases} OD^2 \\ \beta^2 - \frac{1}{4}g^2 \end{cases} \overset{=}{<} \begin{cases} DM^2 \\ \frac{1}{4}g^2\,\overline{\cot.\tfrac{1}{2}\alpha}^2, \text{ weil } \begin{cases} BD \\ \frac{1}{2}g \end{cases} : DM = 1 : \cot.\tfrac{1}{2}\alpha \end{cases}$$

$$\text{also } DM = \tfrac{1}{2}g.\cot.\tfrac{1}{2}\alpha$$

$$\text{folglich } \beta^2 \overset{=}{<} \tfrac{1}{4}g^2\,\overline{\operatorname{cosec}.\tfrac{1}{2}\alpha}^2$$

$$\text{mithin } \beta \overset{=}{<} \tfrac{1}{2}g \operatorname{cosec}.\tfrac{1}{2}\alpha.$$

Beweis.

$$\text{Es ist } 2\beta^2 > g^2 \text{ (Det.)}$$

$$\text{also } \beta^2 > \tfrac{1}{2}g^2$$

$$\text{folglich } \beta^2 > \begin{cases} \frac{1}{4}g^2 \\ BD^2 \end{cases}$$

$$\text{mithin } \beta > BD$$

demnach schneidet der aus B als Mittelpunkt mit einem Radius $=\beta$ beschriebene Kreis die Linie DO.

$$\text{Ferner ist } \begin{cases} \beta^2 - \frac{1}{4}g^2 \\ OD^2 \end{cases} > \begin{cases} \frac{1}{4}g^2 \\ DC^2 \end{cases}$$

$$\text{also } OD > DC$$

$$\text{Auch ist } \beta \overset{=}{<} \tfrac{1}{2}g.\operatorname{cosec}.\tfrac{1}{2}\alpha$$

$$\text{also } \beta^2 \overset{=}{<} \tfrac{1}{4}g^2.\overline{\operatorname{cosec}.\tfrac{1}{2}\alpha}^2$$

$$\text{folglich } \left.\begin{matrix}\beta^2-\frac{1}{4}g^2\\ OD^2\end{matrix}\right\}\overset{=}{<}\left\{\begin{matrix}\frac{1}{4}g^2\,.\,\overline{\cot.\tfrac{1}{2}\alpha}^2\\ DM^2\end{matrix}\right.$$

$$\text{mithin } OD \overset{=}{<} DM$$

demnach berührt (Fig. 4. a), oder schneidet (Fig. 4. b.) der aus D als Mittelpunkt mit einem Radius $=DO$ beschriebene Kreis den Kreisbogen BAC.

$$\text{Ueberdiefs ist } BA^2+AC^2=\begin{cases}\left\{\begin{matrix}BE^2+EC^2\\ 2BD^2+2DE^2\end{matrix}\right\}+2EA^2\\ 2BD^2+\left\{\begin{matrix}2DA^2\\ 2DO^2\end{matrix}\right.\\ 2BO^2\\ 2\beta^2\end{cases}$$

Da auch $BAC=\alpha$, $BC=g$, so ist $\triangle ABC$ das verlangte.

Zusatz 1.

Es erhellet von selbst, dafs es im Fall eines Durchschnittes zwey Dreiecke mit der gegebenen Eigenschaft giebt.

Zusatz 2.

$$\text{Da (Fig. 4. b.) } BM^2+MC^2=2BD^2+2DM^2$$
$$BA^2+AC^2=2BD^2+\left\{\begin{matrix}2DA^2\\ 2DO\end{matrix}\right.$$
$$\text{und } DM>DO$$

$$\text{also } 2BD^2+2DM^2>2BD^2+2DO^2$$

$$\text{so ist auch } BM^2+MC^2>BA^2+AC^2$$

folglich bestimmt der Punkt M eine gröfsere Summe der Quadrate der Schenkel, als jeder andere Punkt des Bogens BAC. Auch bestimmt jeder demselben näher liegende eine gröfsere Summe der Quadrate, als der entferntere.

Anmerkung.

Wenn der Winkel α nicht $<$R, so wird die Aufgabe in ganz ähnlicher Weise behandelt.

Aufgabe 6. (*Fig.* 5.)

Ein Dreieck zu beschreiben, in welchem die Grundlinie der gegebenen geraden Linie g, der Winkel der Spitze dem gegebenen Winkel α, uud der Unterschied der Quadrate der Schenkel dem Quadrate der gegebenen geraden Linie β gleich sey.

Analysis.

Es sey ACB das verlangte Dreieck, so ist, wenn ADC=R,

$$CA^2 - AD^2 = DC^2$$
$$= CB^2 - BD^2$$

$$\text{also}\quad \left.\begin{array}{c} AC^2 - CB^2 \\ \beta^2 \end{array}\right\} = \left\{\begin{array}{l} AD^2 - DB^2 \\ (AD+DB)(AD-DB) \end{array}\right.$$

folglich $AD+DB : \beta = \beta : AD-DB$ (El. VI. 17.)

Da AD+DB=g, oder AD—DB=g, je nachdem $g \gtrless \beta$, so ist $g : \beta = \beta : AD \pm DB$, mithin ist AD der Gröſse (Dat. 2.), und wenn AB als der Lage nach gegeben angenommen wird, auch der Lage nach, somit der Punkt D, demnach die gerade Linie DC der Lage nach (Dat. 32.) gegeben. Da auch der Punkt C wegen der der Lage und Gröſse nach gegebenen AB und des gegebenen Winkels α auf dem Umfange eines der Gröſse und Lage nach gegebenen Kreisabschnittes liegt (Apollonius ebene Oerter pag. 33.), so ist der Punkt C (Dat. 28.), somit das Dreieck ABC gegeben.

Constr. Det. Bew.

ergeben sich aus dem Gesagten von selbst.

Aufgabe 7. (*Fig.* 6.)

Ein Dreieck zu beschreiben, in welchem die Grundlinie der gegebenen geraden Linie g, der Winkel der Spitze dem gegebenen Winkel α, und die Summe der Schenkelsumme und der Höhe der gegebenen geraden Linie S gleich sey.

Analysis.

Es sey $\triangle QMB$ das verlangte, so ist wegen des gegebenen Winkels BQM das Verhältnifs

$$\left.\begin{array}{l}(BQ+QM)^2-BM^2 : \triangle BQM \\ \text{das ist } x^2-g^2 : g\dfrac{S-x}{2}\end{array}\right\} \begin{array}{l}\text{(Dat. 76.) gegeben,} \\ \text{wenn } BQ+QM \text{ mit} \\ x \text{ bezeichnet wird.}\end{array}$$

$$\text{also ist } \left.\begin{array}{r}x^2-g^2 \\ (x+g)(x-g) \\ Bx.xC\end{array}\right\} : \left\{\begin{array}{c}g(S-x) \\ \\ g.Ax\end{array}\right\} \text{ gegeben,}$$

wenn $BM=MC$ gemacht und $MA=S$, $Mx=x$ gesetzt wird,

folglich ist, vermöge Apollonius von Perga de sect. determinata, frey bearbeitet von Diesterweg, Bonn 1822. Buch I. Aufgabe 3. Fall 1., der Punkt x, mithin die Linie Mx gegeben, demnach die Aufgabe auf Aufg. 1. reducirt.

Construction.

Man nehme $BM=MC=KB=g$, $MA=S$, $MBR=\alpha$, $TBM=\frac{1}{2}MBR$, BL nach Belieben, $LG \# TB$, $LBG=R$ $=LBH$, $HB=2BL$, $HE \# KG$, durch C und den Durchschnitt E der Linien HE, AC auf verschiedenen Seiten von AE, $ACF=R=AED$, $DE=EB$, $FC=CA$, beschreibe über der geraden Linie DF als Durchmesser einen Kreis, welcher die Linie CA in x schneide, beschreibe über BM einen Kreisabschnitt, welcher des Winkels α fähig ist, mache auf der Seite von AM, auf welcher dieser Abschnitt liegt, BAP=R, PA=Ax, PQ#AB, und ziehe von B, M gerade Linien zu dem Punkte Q, in welchem PQ mit dem Kreisbogen über BM zusammentrifft, so ist $\triangle$BMQ das verlangte.

Determination.

Damit PQ dem Umfange des auf BM beschriebenen Abschnittes begegne, mufs, wenn BU=UM, BUW=R, und W auf dem Umfange des Abschnittes liegt, seyn

$$\left.\begin{matrix}PA\\Ax\end{matrix}\right\}\begin{matrix}=\\<\end{matrix}UW$$

$$\text{Es ist }\left.\begin{matrix}KB\\g\end{matrix}\right\}:BE=GB:\left\{\begin{matrix}BH\\2BL\end{matrix}\right.$$

$$=\tan.\tfrac{1}{2}\alpha:2$$

$$\text{also } BE=\frac{2g}{\tan.\frac{1}{2}\alpha}$$

$$\text{somit } MV=\frac{g}{\tan.\frac{1}{2}\alpha},\text{ wenn } CV=VE;$$

$$\text{und } ME=\frac{2g}{\tan.\frac{1}{2}\alpha}-g$$

$$=\frac{2g-g\tan.\frac{1}{2}\alpha}{2}$$

$$\text{folglich } EV=\frac{2g-g\tan.\frac{1}{2}\alpha-g}{\tan.\frac{1}{2}\alpha}$$

$$=\frac{g(1-\tan.\frac{1}{2}\alpha)}{\tan.\frac{1}{2}\alpha}$$

$$\text{mithin } EV^2=\frac{g^2(1-\tan.\frac{1}{2}\alpha)^2}{\tan.\frac{1}{2}\alpha^2}$$

---

demnach $\left.\begin{array}{r} DE.FC \\ AC.BE \\ \frac{(S+g)2g}{\tan.\frac{1}{2}\alpha} \end{array}\right\} = XV^2 - \frac{g^2(1-\tan.\frac{1}{2}\alpha)^2}{\overline{\tan.\frac{1}{2}\alpha}^2}$

also

$$\left.\begin{array}{c} \frac{2gS\tan.\frac{1}{2}\alpha + 2g^2\tan.\frac{1}{2}\alpha + g^2 - 2g^2\tan.\frac{1}{2}\alpha + g^2\overline{\tan\frac{1}{2}\alpha}^2}{\overline{\tan.\frac{1}{2}\alpha}^2} \\ \frac{g^2\overline{\sec.\frac{1}{2}\alpha}^2 + 2gS\tan.\frac{1}{2}\alpha}{\overline{\tan.\frac{1}{2}\alpha}^2} \end{array}\right\} = XV^2$$

folglich $\frac{\sqrt{g^2\overline{\sec.\frac{1}{2}\alpha}^2 + 2gS\tan.\frac{1}{2}\alpha}}{\tan.\frac{1}{2}\alpha} = XV$

mithin $MX = \frac{\sqrt{g^2\overline{\sec.\frac{1}{2}\alpha}^2 + 2gS\tan.\frac{1}{2}\alpha} - g}{\tan.\frac{1}{2}\alpha}$

demnach $AX = \frac{S\tan.\frac{1}{2}\alpha + g - \sqrt{g^2\overline{\sec.\frac{1}{2}\alpha}^2 + 2gS\tan.\frac{1}{2}\alpha}}{\tan.\frac{1}{2}\alpha}$

Ferner ist $\left.\begin{array}{r} BU \\ \frac{1}{2}g \end{array}\right\} : UW = 1 : \cot.\frac{1}{2}\alpha.$

also $UW = \frac{1}{2}g.\cot.\frac{1}{2}\alpha$

folglich mufs seyn

$$\frac{S\tan.\frac{1}{2}\alpha + g - \sqrt{g^2\overline{\sec.\frac{1}{2}\alpha}^2 + 2gS.\tan.\frac{1}{2}\alpha}}{\tan.\frac{1}{2}\alpha} \overset{=}{<} \frac{1}{2}g\cot.\frac{1}{2}\alpha$$

mithin $S\tan.\frac{1}{2}\alpha + \frac{1}{2}g \overset{=}{<} \sqrt{g^2\overline{\sec.\frac{1}{2}\alpha}^2 + 2gS\tan.\frac{1}{2}\alpha}$

somit $S^2\overline{\tan.\frac{1}{2}\alpha}^2 + gS\tan.\frac{1}{2}\alpha + \frac{1}{4}g^2 \overset{=}{<} g^2\overline{\sec.\frac{1}{2}\alpha}^2 + 2gS\tan.\frac{1}{2}\alpha$

demnach $S^2\overline{\tan.\frac{1}{2}\alpha}^2 - gS\tan.\frac{1}{2}\alpha + \frac{1}{4}g^2 \overset{=}{<} g^2\overline{\sec.\frac{1}{2}\alpha}^2$

somit $S \tan.\frac{1}{2}\alpha - \frac{1}{2}g \leqq g \sec.\frac{1}{2}\alpha$

also $S \sin.\frac{1}{2}\alpha - \frac{1}{2}g \cos.\frac{1}{2}\alpha \leqq g$

$$\text{folglich } S \leqq \begin{cases} \dfrac{g(1+\frac{1}{2}\cos.\frac{1}{2}\alpha)}{\sin.\frac{1}{2}a} \\ g\left(\dfrac{1}{\sin\frac{1}{2}\alpha} + \dfrac{\cos.\frac{1}{2}\alpha}{2\sin.\frac{1}{2}\alpha}\right) \\ g(\text{cosec}.\frac{1}{2}\alpha + \frac{1}{2}\cot.\frac{1}{2}\alpha) \\ g\,(\text{cosec}\frac{1}{2}\alpha + \cot.\frac{1}{2}\alpha - \frac{1}{2}\cot.\frac{1}{2}\alpha) \\ g(\cot.\frac{1}{4}\alpha - \frac{1}{2}\cot.\frac{1}{2}\alpha) \end{cases}$$

(Diesterwegs trigonometrische Formeln. Bonn 1822. §. 5.)

Beweis.

Es ist $S \leqq g(\cot.\frac{1}{4}\alpha - \frac{1}{2}\cot.\frac{1}{2}\alpha)$ (Det.)

also $PA \leqq UW$, wie aus der Determ. erhellet, folglich berührt, oder schneidet die Linie PQ den Kreis.

Verm. Apoll. de Sect. det. Buch I. Aufg: 3. Fall 1.

$$\text{Bew. ist } g.Ax : \begin{cases} Bx.xC \\ xM^2 - MB^2 \end{cases} = GB : \begin{cases} BH \\ 2BL \end{cases}$$

$= QN : 2NO$, wenn $OQ = QM$, $BNQ = R$;

folglich

$$xM^2 - MB^2 : \begin{cases} g.Ax \\ g.AP \end{cases} \begin{matrix} = 2NO : QN \\ = (MQ+QB)^2 - MB^2 : \begin{cases} \triangle MQB \\ \quad \text{(Dat. 76.)} \\ MB.QZ \end{cases} \end{matrix}$$

wenn $QZB = R$;

mithin $xM^2 - MB^2 = (MQ+QB)^2 - MB^2$

somit $xM^2 = (MQ+QB)^2$

demnach $xM = MQ + QB$

also $\left.\begin{array}{c}Mx+xA\\S\end{array}\right\}=MQ+QB+QZ$

Da auch $BM=g$, $BQM=\alpha$, so ist $\triangle BQM$ das verlangte.

Zusatz 1.

Es erhellet von selbst, dafs es im Fall eines Durchschnittes zwey Dreiecke mit der gegebenen Eigenschaft giebt.

Zusatz 2.

$$\frac{\text{Da } MW+WB>MQ+QB, \text{ und } WU>QZ}{\text{so ist } MW+WB+WU>MQ+QB+QZ}$$

also bestimmt der Punkt W eine gröfsere Summe der Schenkelsumme und der Höhe, als jeder andere Punkt des Bogens MWB. Auch bestimmt der näher liegende eine gröfsere Summe, als der entferntere.

Anmerkung.

Robert Simson macht zu dieser Aufgabe (s. Roberti Simson opera quaedam reliqua, Glasguae 1776. Append. probl. 3.) folgende

Analysis. (Fig. 7.)

Es sey $\triangle ABC$ das gesuchte. Macht man $BE=S$, $FA=AC$, so ist $EF=$ der Höhe AD. Da (verm. Dat. 76.)

$$\frac{\left.\begin{array}{c}\left.\begin{array}{c}(BA+AC)^2\\BF^2\end{array}\right\}-BC^2\\HF.FG\end{array}\right\}:\triangle ABC \text{ gegeben ist, wenn } GB=BC=BH,}{\text{so ist } HF.FG:\left\{\begin{array}{c}2\triangle ABC\\HB.FE\end{array}\right\} \text{ gegeben.}}$$

Bestimmt man BK so,

dafs $HF.FG:HB.FE:=2KB:BC$

$=2KB.FL:\left\{\begin{array}{c}BC.FE\\HB.FE\end{array}\right.$

$$\text{so ist } HF.FG = 2KB.FE$$

$$\text{also } \underbrace{HF.FG+BG^2}_{BF^2} = 2KB.FE+BG^2$$

$$\text{folglich } \underbrace{BF^2+2BE.EF}_{BE^2+EF^2} = \underbrace{2KB.FE+BG^2+2BE.EF}_{BG^2+2KE.EF}$$

$$\text{mithin } \underbrace{BE^2}_{S^2} = \underbrace{BG^2}_{g^2} + \underbrace{(2KE-EF)EF}_{LF.FE}$$

$$\text{somit } S^2 - g^2 = LF.FE$$

demnach ist $LF.FE$ gegeben. Da auch $LF+FE=2EK$ $=EB+BK=S+BK$, und BK gegeben ist (Dat. 2.), so ist F, also sowohl FE, als BF gegeben, mithin die Aufgabe auf Aufg. 1. reducirt.

Aufgabe 8. (*Fig.* 8.)

Ein Dreieck zu beschreiben, in welchem die Grundlinie der gegebenen geraden Linie g, der Winkel der Spitze dem gegebenen Winkel α, und die Summe der Schenkeldifferenz und der Höhe der gegebenen geraden Linie S gleich sey.

Analysis. (Fig. 8. a.)

Bezeichnet man die Schenkeldifferenz mit x, also die Höhe mit $S-x$, so ist, vermöge Dat. 76. Zus., das Verhältnifs $g^2-x^2 : \frac{1}{2}g\,(S-x)$ gegeben

$$\left.\begin{array}{r}\text{also auch } g^2-x^2 : g(S-x) \\ \text{das ist } Ax.xB : g.Cx\end{array}\right\} \begin{array}{l}\text{gegeben,} \\ \text{wenn } AD=DB=g, \\ DC=S,\ Dx=x \text{ gesetzt wird,}\end{array}$$

folglich läfst sich nach Apoll. de sect. det. Buch I. Aufgabe 3. Fall 3. der Punkt x, somit die Linie Cx und das Dreieck finden.

Construction.

Man mache GKH=α, GK=KH, ziehe die gerade Linie GH, nehme KAG=R, FA=g=AD=DB, DC=S, LA=2AH, LE$\#$KF, richte auf einerley Seite von AB in E, B die Perpendikel NE, OB auf AB auf, mache NE=EA, OB=BC, ziehe die gerade Linie NO, beschreibe über derselben einen die Linie DC in x erreichenden Halbkreis, und über AF einen des Winkels α fähigen Kreisabschnitt, mache auf derselben Seite von AC, auf welcher dieser Abschnitt liegt, AxP=R, Px =xC, PM$\#$AB, und verbinde mit den Punkten A, F den Durchschnitt M der Linie PM mit dem Umfange jenes Abschnittes, so ist $\triangle$AFM das verlangte.

Determination.

Damit der Halbkreis über NO die Linie EB erreiche, muſs verm. Apoll. de sect. det. Buch I. Aufg. 3. Fall 3. seyn

$$KA : \left.\begin{matrix} \left.\begin{matrix} AL \\ 2AH \end{matrix}\right\} \\ \\ 1 : 2\tan.\tfrac{1}{2}\alpha \end{matrix}\right\} \geqq g : \left\{\begin{matrix} AC+CB-2\sqrt{AC.CB} \\ g+S+S-g-2\sqrt{(g+S)(S-g)} \\ 2S-2\sqrt{S^2-g^2} \end{matrix}\right.$$

$$\text{also } 1 : \tan.\tfrac{1}{2}\alpha \geqq g : S-\sqrt{S^2-g^2}.$$

Damit die Linie PM den über AF beschriebenen Abschnitt erreiche, muſs, wenn AR=RF, ARU=R, gemacht, auch RU bis zum Durchschnitt U mit dem Umfange des Abschnittes verlängert wird, seyn $\left.\begin{matrix} Px \\ xC \end{matrix}\right\} \begin{matrix} = \\ < \end{matrix} RU.$

Es ist $\left.\begin{matrix}FR\\ \frac{1}{2}g\end{matrix}\right\} : RU = 1 : \cot.\frac{1}{2}\alpha$

also $RU = \frac{1}{2}g \cot.\frac{1}{2}\alpha$.

Auch ist $\left.\begin{matrix}FA\\ g\end{matrix}\right\} : AE = KA : \left\{\begin{matrix}AL\\ 2AH\end{matrix}\right.$

$= 1 : 2\tan.\frac{1}{2}\alpha$

folglich $AE = 2g\tan.\frac{1}{2}\alpha$

mithin $\begin{matrix}BA - AE\\ \mid\end{matrix} = \left\{\begin{matrix}\overline{2g - 2g\tan.\frac{1}{2}\alpha}\\ 2g(1 - \tan.\frac{1}{2}\alpha)\end{matrix}\right.$

somit $\left.\begin{matrix}\frac{BA-AE}{2}\\ \vdots\\ VE\end{matrix}\right\} = g(1 - \tan.\frac{1}{2}\alpha)$

demnach $VE^2 = g^2(1 - \tan.\frac{1}{2}\alpha)^2$

Es ist aber $\left.\begin{matrix}Cx.xE\\ EV^2 - Vx^2\end{matrix}\right\} = \left\{\begin{matrix}BO.EN\\ BC.EA\end{matrix}\right.$ (s. Apollonius von Perga de sectione rationis, frey bearbeitet von Diesterweg, Berlin 1824. p. 1.)

(El. II. 5.)

also $\left.\begin{matrix}g^2(1-\tan.\frac{1}{2}\alpha)^2 - (S-g)2g\tan.\frac{1}{2}\alpha\\ g^2 - 2g^2\tan\frac{1}{2}\alpha + g^2\overline{\tan.\frac{1}{2}\alpha}^2 - 2Sg\tan.\frac{1}{2}\alpha + 2g^2\tan.\frac{1}{2}\alpha\\ g^2\overline{\sec.\frac{1}{2}\alpha}^2 - 2gS\tan.\frac{1}{2}\alpha\end{matrix}\right\} = Vx^2$

folglich

$$Ex(=EV - Vx) = g(1-\tan.\tfrac{1}{2}\alpha) - \sqrt{g^2\overline{\sec.\tfrac{1}{2}\alpha}^2 - 2gS\tan.\tfrac{1}{2}\alpha}$$

demnach

$$Cx = (CA - AL - Ex) = S + g - 2g\tan.\tfrac{1}{2}\alpha - g(1 - \tan.\tfrac{1}{2}\alpha) + \sqrt{g^2\overline{\sec.\tfrac{1}{2}\alpha}^2 - 2gS\tan.\tfrac{1}{2}\alpha}$$

$$= S - g\tan.\tfrac{1}{2}\alpha + \sqrt{g^2\overline{\sec.\tfrac{1}{2}\alpha}^2 - 2gS\tan.\tfrac{1}{2}\alpha}$$

mithin muſs seyn

$$\tfrac{1}{2}g\cot.\tfrac{1}{2}\alpha \mathrel{\overline{\overline{>}}} S - g\tan.\tfrac{1}{2}\alpha + \sqrt{g^2\overline{\sec.\tfrac{1}{2}\alpha}^2 - 2gS\tan.\tfrac{1}{2}\alpha}$$

somit

$$g(\cot.\tfrac{1}{2}\alpha+2\tan.\tfrac{1}{2}\alpha)-2S \overset{=}{>} 2\sqrt{g^2\overline{\sec.\tfrac{1}{2}\alpha}^2-2gS\tan.\tfrac{1}{2}\alpha}$$

demnach

$$(g(\cot.\tfrac{1}{2}\alpha+2\tan.\tfrac{1}{2}\alpha)-2S)^2 \overset{=}{>} 4(g^2\overline{\sec.\tfrac{1}{2}\alpha}^2-2gS\tan.\tfrac{1}{2}\alpha)$$

also $$\left.\begin{matrix} g^2((\cot.\tfrac{1}{2}\alpha+2\tan.\tfrac{1}{2}\alpha)^2-4\overline{\sec.\tfrac{1}{2}\alpha}^2) \\ g^2\overline{\cot.\tfrac{1}{2}\alpha}^2 \end{matrix}\right\} - \left\{\begin{matrix} 4gS(\cot\tfrac{1}{2}\alpha+2\tan.\tfrac{1}{2}\alpha-2\tan.\tfrac{1}{2}\alpha) \\ 4gS.\cot.\tfrac{1}{2}\alpha \end{matrix}\right\} + 4S^2 \overset{=}{>} 0$$

folglich $2S-g\cot.\tfrac{1}{2}\alpha \overset{=}{>} 0$

mithin $S \overset{=}{>} \tfrac{1}{2}g\cot.\tfrac{1}{2}\alpha$

somit $\left.\begin{matrix} \cot.\tfrac{1}{2}\alpha : 1 \\ 1 : \tan.\tfrac{1}{2}\alpha \end{matrix}\right\} \overset{=}{<} S : \tfrac{1}{2}g$

Beweis.

Da $1:\tan.\tfrac{1}{2}\alpha \overset{=}{>} g : S-\sqrt{S^2-g^2}$, und $1:\tan.\tfrac{1}{2}\alpha \overset{=}{<} S:\tfrac{1}{2}g$, so erreicht sowohl der Kreis über NO die Linie EB, als die Linie PM den Umfang des über AF beschriebenen Abschnittes.

Vermöge Apoll. de sect. det. Buch I. Aufg. 3. Fall 3. Bew. ist $FA.Cx : Ax.xB = KA : AL$

also $\left.\begin{matrix} Ax.xB \\ (\text{El. II.5.})\ AD^2-Dx^2 \end{matrix}\right\} : \left\{\begin{matrix} \tfrac{1}{2}AF.Cx \\ \tfrac{1}{2}AF.Px \end{matrix}\right\} \begin{matrix} =4HA:AK \\ =4FW:WM, \end{matrix}$ wenn ZM=MF, FW=WZ, MWF=R,

$=AF^2-(AM-MF)^2 : \left\{\begin{matrix} \triangle AMF, \text{ (Dat. 76. Zus.)} \\ \tfrac{1}{2}AF.MS, \text{ wenn } MSF=R, \end{matrix}\right.$

folglich $AD^2-Dx^2=AF^2-(AM-MF)^2$

mithin $Dx=AM-MF$

somit $$\left.\begin{array}{c}Dx+xC\\ DC\\ S\end{array}\right\}=AM-MF+\left\{\begin{array}{l}Px\\ MS\end{array}\right.$$

Da auch $AF=g$, $AMF=\alpha$, so ist $\triangle AMF$ das verlangte.

Zusatz.

Es erhellet von selbst, dafs es im Fall eines Durchschnittes der Linie PM mit dem Bogen zwey Dreiecke mit der verlangten Eigenschaft giebt, und dafs, im Fall eines Durchschnittes des Kreises über NO mit EC, der zweite Durchschnitt x ein zweites Paar mit der gegebenen Eigenschaft bestimmt.

Anmerkung.

Fermat hat diese Aufgabe behandelt wie folgt.

Analysis. (Fig. 8. b.)

Es sey $\triangle BAC$ das verlangte, so ist, wenn $ADB=R=CMA$ genommen wird,

$$BC.AD:BA.AC=\left\{\begin{array}{ll}BA.CM:BA.AC & \\ MC:CA & \\ BC:a, & \text{wenn a so bestimmt wird, dafs } MC:CA=BC:a, \text{ wobey a gegeben ist, (Dat. 62. und 2.)}\\ BC.AD:a.AD & \end{array}\right.$$

also $BA.AC$ $\}=a.AD$

$GA.AC$ wenn um $\triangle BAC$ ein Kreis beschrieben, $BV=VC$, $BVE=R$ gemacht, aus dem Durchschnitte E der Linie VE mit dem Kreise als Mittelpunkt ein Kreis mit einem Radius $=EB$ beschrieben, und CA bis zu dem Durchschnitte desselben in G verlängert wird;

$HA.AK$ wenn H, K, die Endpunkte des durch A, E gezogenen Durchmessers sind.

Ferner ist $EAC=EBC$

also $AEF=\left\{\begin{array}{l}BEV\\ \frac{1}{2}BAC\end{array}\right.$, wenn $AEF=R$,

folglich ist $\triangle AEF$ der Art nach, somit das Verhältnifs $EA:AF$ gegeben. Bestimmt man b so,

dafs $a:\frac{1}{2}b=EA:AF$, so ist b gegeben

und $2a.AF=b.AE$

folglich $HA.AK+b.AE=\left\{\begin{array}{l}a.AD+2a.AF\\ a(AD+2AF)\\ a(AD+CA-AG)\\ a(AD+CA-AC)\ \text{(El. III. 20.)}\\ a.S\end{array}\right.$

mithin $b.AE-\left\{\begin{array}{c}(EB-HA^2.AK)\\ EA^2\end{array}\right\}$ $=aS-EB^2$

$(b-EA)AE$

demnach ist $(b-EA)EA$, und da $b-EA+EA=b$ gegeben ist, EA (Dat. 86.) der Gröfse, und in so fern BC der Lage nach gegeben ist, der Lage nach, somit das Dreieck BAC der Gröfse und Lage nach gegeben.

Construction.

Auf der gegebenen geraden Linie $BC=g$ beschreibe man einen des Winkels α fähigen Kreisabschnitt, mache

BV=VE, BVE=R, verlängere VE bis zum Durchschnitt mit dem Kreise in E, x, ziehe den Diameter BQO, mache ERO=R, RS=S, beschreibe über OS als Durchmesser einen Halbkreis, welcher einem in B auf BO aufgerichteten Perpendikel in L begegne, ziehe die gerade Linie EB, schneide von der Verlängerung derselben NB=BL ab, ziehe die gerade Linie Bx, beschreibe aus x als Mittelpunkt mit einem Radius =xB einen Kreis, welcher der durch N mit Bx parallel gezogenen geraden Linie NT in T begegne, fälle von T ein Perpendikel Ty auf Bx, nehme in dem auf BC liegenden Kreisabschnitte EA=By, und ziehe die geraden Linien BA, AC, so ist △ABC das verlangte.

Beweis.

Es ist $BOx = \begin{cases} BEV \text{ (El. III. 21.)} \\ AEF \text{ (El. III. 21.), wenn } AFE = R, \end{cases}$

also OB : Bx = EA : AF (El. VI. 4.)

folglich $OB : \begin{Bmatrix} 2Bx \\ BW \end{Bmatrix} = \begin{Bmatrix} EA \\ By \end{Bmatrix} : 2AF$ wenn Wx = xB;

mithin 2AF . OB = WB . By.

Da $BO . AD = \begin{cases} BA . AC \text{ (Schol. in libr. VI. El. p. III. ed. Pfleiderer. Tub. 1802. §. 158.)} \\ GA . AC, \text{ wenn CA in ihrer Verlängerung dem aus E als Mittelpunkt mit einem Radius} = EB \text{ beschriebenen Kreise begegnet, (El. III. 20.)} \\ HA . AK \text{ (El. III. 35.), weil HK ein durch A gehender Durchmesser dieses Kreises ist.} \\ HE^2 - EA^2 \text{ (El. II. 5.)} \\ EB^2 - By^2 \text{ (Constr.)} \end{cases}$

so ist

$$\left.\begin{matrix} BO.AD+2AF.OB \\ BO(AD+2AF) \end{matrix}\right\} = \left\{\begin{matrix} BE^2 \\ OB.BR \end{matrix}\right\} + \left\{\begin{matrix} WB.By-By^2 \\ By.yW \text{ (El. VI. 8. 17.)} \\ Ty^2 \text{ (El. VI. 8. 17.)} \\ BL^2 \\ OB.BS \text{ (El. VI. 8. 17.)} \end{matrix}\right.$$

$$= OB.RS$$

demnach $AD+2AF=RS$

d. i. $AD+CA-AB=S$

Da auch $BC=g$, $BAC=\alpha$, so ist $\triangle ABC$ das gesuchte.

Aufgabe 9. (*Fig.* 9.)

Ein Dreieck zu beschreiben, in welchem die Grundlinie der gegebenen geraden Linie g, der Winkel der Spitze dem gegebenen Winkel α, und der Ueberschufs der Schenkelsumme über die Höhe der gegebenen geraden Linie d gleich sey.

Analysis.

Bezeichnet man die Schenkelsumme mit x, also die Höhe mit $x-d$, so ist, vermöge Dat. 76., $x^2-g^2 : \frac{g(x-d)}{2}$

also $\left.\begin{matrix} x^2-g^2 \\ (x+g)(x-g) \end{matrix}\right\} : g(x-d)$

gleich einem gegebenen Verhältnisse, das ist, wenn $AD=DC=g$, $BD=d$, $Dx=x$ gesetzt wird, $Ax.xC : g.Bx$ gleich einem gegebenen Verhältnisse, mithin läfst sich der Punkt x, nach Apollonius de sect. det. Buch I. Aufg. 4, und zwar nach Fall 2, wenn $g>d$ finden, somit sind die Linien Dx, Cx, also ist auch das Dreieck gegeben.

Construction.

Man mache $QIO = \alpha$, $PI = IO$, ziehe die gerade Linie OP, nehme $DAP = R = EAP$, $EA = 2AP$, $FA = g = AD = DC$, $DB = d$, errichte zu verschiedenen Seiten von AC in G, C die Perpendikel HG, ACK auf AC, mache $HG = GA$, $KC = CB$, beschreibe über der geraden Linie HK als Durchmesser einen die verlängerte AC in x schneidenden Halbkreis, über AD einen des Winkels α und einen anderen des Winkels $\frac{1}{2}\alpha$ fähigen Kreisabschnitt, und aus D als Mittelpunkt mit einem Radius $= Dx$ einen Kreis, welcher dem Umfange des letzteren Abschnittes in L begegne, ziehe die gerade Linie DL, welche den Umfang des ersteren Abschnittes in M schneide, und verbinde M mit A durch die gerade Linie MA, so ist $\triangle AMD$ das verlangte.

Determination.

Damit der Umfang des aus D als Mittelpunkt beschriebenen Kreises dem Umfange des über AD beschriebenen, des Winkels $\frac{1}{2}\alpha$ fähigen Abschnittes begegne, mufs, wenn DRN der Durchmesser des dazu gehörigen Kreises ist, seyn $ND \geqq Dx$.

$$\text{Es ist } \left.\begin{matrix}AD\\ g\end{matrix}\right\} : DN = \sin.\tfrac{1}{2}\alpha : 1$$

$$\text{also } DN = \frac{g}{\sin.\frac{1}{2}\alpha} = g.\text{cosec}.\tfrac{1}{2}\alpha.$$

$$\text{Ferner ist } \left.\begin{matrix}IA : \left\{\begin{matrix}AE\\ 2AP\end{matrix}\right\}\\ 1 : 2\cot.\frac{1}{2}\alpha\end{matrix}\right\} = \left\{\begin{matrix}FA\\ g\end{matrix}\right\} : AG$$

$$\text{folglich } AG = 2g\cot.\tfrac{1}{2}\alpha$$

$$\text{mithin } AG.BC = 2g(g-d)\cot.\tfrac{1}{2}\alpha$$

$$Vx^2 - \left\{\begin{array}{c} VC^2 \\ \left(\frac{CA-AG}{2}\right)^2 \\ \left(\frac{2g-2g\cot.\frac{1}{2}\alpha}{2}\right)^2 \\ g^2(1-\cot.\tfrac{1}{2}\alpha)^2 \end{array}\right\} = \left\{\begin{array}{c} AG.BC \\ HG.KC \\ Gx.xC \end{array}\right.$$

(Apollonius de sect. det. p. 5.)
(El. II. 5.), wenn $GV=VC$;

demnach

$$Vx^2 = \left\{\begin{array}{l} g^2(1-\cot.\tfrac{1}{2}\alpha)^2+2g(g-d)\cot.\tfrac{1}{2}\alpha \\ g^2-2g^2\cot.\tfrac{1}{2}\alpha+g^2\overline{\cot.\tfrac{1}{2}\alpha}^2+2g^2\cot.\tfrac{1}{2}\alpha-2gd\cot.\tfrac{1}{2}\alpha \\ g^2(1+\overline{\cot.\tfrac{1}{2}\alpha}^2)-2gd\cot.\tfrac{1}{2}\alpha \\ g^2.\overline{\operatorname{cosec}.\tfrac{1}{2}\alpha}^2-2gd\cot.\tfrac{1}{2}\alpha \end{array}\right.$$

$$\text{somit } Vx = \sqrt{g^2\overline{\operatorname{cosec}.\tfrac{1}{2}\alpha}^2-2gd\cot.\tfrac{1}{2}\alpha}$$

$$\text{also } Gx = g(1-\cot.\tfrac{1}{2}\alpha)+\sqrt{g^2\overline{\operatorname{cosec}.\tfrac{1}{2}\alpha}^2-2gd\cot.\tfrac{1}{2}\alpha}$$

$$\text{folglich } Ax = g(1+\cot.\tfrac{1}{2}\alpha)+\sqrt{g^2\overline{\operatorname{cosec}.\tfrac{1}{2}\alpha}^2-2gd\cot.\tfrac{1}{2}\alpha}$$

$$\text{mithin } Dx = g\cot.\tfrac{1}{2}\alpha+\sqrt{g^2\overline{\operatorname{cosec}.\tfrac{1}{2}\alpha}^2-2gd\cot.\tfrac{1}{2}\alpha}$$

demnach muſs seyn

$$g\operatorname{cosec}.\tfrac{1}{2}\alpha \geqq g\cot.\tfrac{1}{2}\alpha+\sqrt{g^2\overline{\operatorname{cosec}.\tfrac{1}{2}\alpha}^2-2gd\cot.\tfrac{1}{2}\alpha}$$

$$\text{somit } g(\operatorname{cosec}.\tfrac{1}{2}\alpha-\cot.\tfrac{1}{2}\alpha) \geqq \sqrt{g^2\overline{\operatorname{cosec}.\tfrac{1}{2}\alpha}^2-2gd\cot.\tfrac{1}{2}\alpha}$$

$$\text{also } g^2\overline{\operatorname{cosec}.\tfrac{1}{2}\alpha}^2-2g^2\operatorname{cosec}.\tfrac{1}{2}\alpha.\cot.\tfrac{1}{2}\alpha.+g^2\overline{\cot.\tfrac{1}{2}\alpha}^2$$

$$\geqq g^2\operatorname{cosec}.\tfrac{1}{2}\alpha^2-2gd\cot.\tfrac{1}{2}\alpha$$

folglich $\left.\begin{array}{l} g^2\cot.\frac{1}{2}\alpha - 2g^2\mathrm{cosec}.\frac{1}{2}\alpha + 2gd \\ g^2(\cot.\frac{1}{2}\alpha - 2\mathrm{cosec}.\frac{1}{2}\alpha) + 2gd \end{array}\right\} \overset{=}{>} 0$

---

demnach $g \overset{=}{>} \left\{\begin{array}{l} \dfrac{2d}{2\mathrm{cosec}.\frac{1}{2}\alpha - \cot.\frac{1}{2}\alpha} \\ \dfrac{d}{\mathrm{cosec}.\frac{1}{2}\alpha - \frac{1}{2}\cot.\frac{1}{2}\alpha} \end{array}\right.$

---

also $g : d \overset{=}{>} \left\{\begin{array}{l} 1 : \mathrm{cosec}.\frac{1}{2}\alpha - \frac{1}{2}\cot.\frac{1}{2}\alpha \\ 1 : \mathrm{cosec}\frac{1}{2}\alpha - \cot.\frac{1}{2}\alpha + \frac{1}{2}\cot.\frac{1}{2}\alpha \\ 1 : \tan.\frac{1}{4}\alpha + \frac{1}{2}\cot.\frac{1}{2}\alpha \end{array}\right.$ (Diesterwegs trigonomet. Formeln §. 5.)

Beweis.

Es ist $g : d \overset{=}{>} 1 : \tan.\frac{1}{4}\alpha + \frac{1}{2}\cot.\frac{1}{2}\alpha$

also erreicht der aus D als Mittelpunkt beschriebene Kreis den Umfang des über AD beschriebenen, des Winkels $\frac{1}{2}\alpha$ fähigen Abschnittes, wie aus der Determination leicht hervorgehet.

Ferner ist, verm. Apoll. de sect. det. Buch I. Aufg. 4. Fall 2. Bew.

$$\left.\begin{array}{r} g\,.\,Bx \\ g(xD-DB) \\ g(Dx-d) \end{array}\right\} : Ax\,.\,xC = DA : \left\{\begin{array}{l} AE \\ 2AP \end{array}\right.$$

$$\text{also}\ \left.\begin{array}{r} Ax\,.\,xC \\ Dx^2 - DC^2 \\ \left.\begin{array}{r} DL^2 \\ (DM+MA)^2 \end{array}\right\} - DA^2 \end{array}\right\} : \tfrac{1}{2}g(Dx-d) = 4PA : AD$$

$= 4AT : TM$, wenn die gerade Linie AL gezogen und MTA = R gemacht wird;

$= (DM+MA)^2 - DA^2 : \triangle AMD$

folglich $\frac{1}{2}g(Dx-d) = \left\{ \begin{array}{l} \triangle AMD \\ \frac{1}{2}g.h \end{array} \right.$, wenn mit h des Dreieckes AMD Höhe bezeichnet wird;

mithin $Dx-d=h$

somit $\left. \begin{array}{l} Dx-h \\ DM+MA-h \end{array} \right\} = d.$

Da auch $DMA=\alpha$, $AD=g$, so ist $\triangle AMD$ das verlangte.

Zusatz.

Es erhellet von selbst, daſs es im Fall eines Durchschnittes zwey Dreiecke mit der gegebenen Eigenschaft giebt.

Aufgabe 10. (*Fig.* 10.)

Ein Dreieck zu beschreiben, in welchem die Grundlinie der gegebenen geraden Linie g, der Winkel der Spitze dem gegebenen Winkel α, der Ueberschuſs der Höhe über die Schenkeldifferenz der gegebenen geraden Linie d gleich sey.

Analysis. (Fig. 10. a.)

Bezeichnet man die Schenkeldifferenz mit x, also die Höhe mit d+x, so ist, vermöge Dat. 76. Zusatz, das Verhältniſs

$$g^2-x^2 : g\frac{(d+x)}{2}$$

also auch $\left. \begin{array}{l} g^2-x^2 : g(d+x) \\ \text{das ist } Ax.xC : g : Bx \end{array} \right\}$ gegeben, wenn $AD=DC=g$, $DB=d$, $Dx=x$ gesetzt wird, folglich läſst sich verm. Apoll. de sect. det. Buch I. Aufg. 3. der Punkt x, mithin sowohl Dx, als Bx finden, und das Dreieck construiren.

Anmerkung.

Dieselbe Aufgabe hat Fermat in folgender Weise behandelt.

Analysis. (Fig. 10. b.)

Es sey △BAC das verlangte, so ist, wenn ADB=R =CMA,

BC . AD : BA . AC = { BA . CM : BA . AC (El. I. 41.)
MC : CA
BC : a, wenn MC:CA=BC:a, wobey a, wegen des (Dat. 62.2.) gegebenen Verhältnisses MC:CA, gegeben ist;
BC . AD : a . AD }

also BA . AC } = a . AD
GA . AC (El. III. 20.) wenn um △BAC ein Kreis beschrieben, BV=VC, BVE=R gemacht, und aus dem Durchschnitte E der Linie VE mit dem Bogen BEC als Mittelpunkt, mit einem Radius = der geraden Linie BE, ein Kreis beschrieben, und CA bis zum Durchschnitt G mit demselben verlängert wird.
HA . AK (El. III. 35.) wenn H, K die Endpunkte des durch A gezogenen Durchmessers des zuletzt beschriebenen Kreises sind.

Ferner ist EAC=EBC (El. III. 21.)

also AEF= { BEV (El. VI. 4.), wenn AEF=R;
$\frac{1}{2}$BAC (El. III. 21.) }

folglich ist EA : AF ein gegebenes Verhältnifs.

Bestimmt man b so, dafs a : $\frac{1}{2}$b=EA : AF, so ist b gegeben (Dat. 2.), und 2a . AF=b.AE (El. VI. 16.)

$$\text{mithin } HA.AK-b.AE = \begin{cases} a(AD-2AF) \\ a(AD-(CA-AG)) \\ a(AD-(CA-AB)) \\ \quad a.d \end{cases}$$

$$\text{somit } \left.HE^2 - \begin{matrix} HA.AK \\ AE^2 \end{matrix}\right\} + b.AE \left.\begin{matrix} \\ \\ AE(AE+b) \end{matrix}\right\} = AF^2 - a.d$$

demnach ist $AE(AE+b)$, und da $AE+b-AE=b$ gegeben ist, so ist (Dat. 86.) AE der Gröfse, und in so fern BC als der Lage nach gegeben angesehen wird, auch der Lage nach, somit der Punkt A, und das ganze Dreieck gegeben.

Construction.

Man beschreibe über der geraden Linie $BC=g$ einen Kreisabschnitt, welcher des Winkels α fähig ist, mache $BV=VC$, $BVE=R$, verlängere VE bis zum Durchschnitt mit dem Kreise in E, x, ziehe den Durchmesser BO, mache $ERO=R$, $RS=d$, $OSL=R$, ziehe von B zu dem Durchschnitte L der Linie SL mit dem Umfange des Kreises die gerade Linie BL, nehme auf der geraden Linie BE, oder ihrer Verlängerung die Linie $NB=BL$, beschreibe aus x als Mittelpunkt mit einem Radius $=xN$ einen Kreis, welcher der verlängerten geraden Linie xB in y begegne, mache die Selme $EA=By$, und ziehe die geraden Linien BA, AC, so ist $\triangle ABC$ das verlangte.

Beweis.

Es ist, wenn die gerade Linie Ox gezogen wird,

$$BOX = \begin{cases} BEV \text{ (El. III. 21.)} \\ AEF\text{, wenn } AFE=R, \text{ (El. VI. 4.)} \end{cases}$$

also $OB : Bx = EA : AF$

folglich $OB : \left\{ \begin{matrix} 2Bx \\ BW \end{matrix} \right\} = \left\{ \begin{matrix} EA \\ By \end{matrix} \right\} : \left\{ 2AF \right.$ wenn $Wx = xB$;

mithin $2AF . OB = WB . By$ (El. VI. 16.).

Da $BO . AD =$
- $BA . AC$ (Schol. in libr. VI. Elem. ed. Pfleiderer. Tub. 1802. p. III. §. 158.)
- $GA . AC$, wenn die Verlängerung von CA dem aus E als Mittelpunkt mit EB als Radius beschriebenen Kreise in G begegnet, und El. III. 20.;
- $HA . AK$, wenn HK ein durch A laufender Durchmesser dieses Kreises ist (El. III. 35.);
- $HE^2 - EA^2$ (El. II. 5.)
- $EB^2 - By^2$ (Constr.)

so ist

$BO(AD - 2AF) =$
- $EB^2 - By(WB + By)$
- $OB . BR -$
  - $Wy . yB$ (El. VI. 8. 17.)
  - $yx^2 - Bx^2$ (El. II. 6.)
  - BN^2 (El. I. 47.)
  - BL^2 (Constr.)
  - $OB . BS$ (El. VI. 8. 17.)

$= OB . RS$

demnach $\left. \begin{matrix} AD - 2AF \\ AD - (CA - AB) \end{matrix} \right\} = \left\{ \begin{matrix} RS \\ d \end{matrix} \right.$

Da auch $BC = g$, $BAC = \alpha$, so ist $\triangle ABC$ das verlangte.

Aufgabe 11. (*Fig.* 11.)

Ein Dreieck zu beschreiben, in welchem die Grundlinie der gegebenen geraden Linie g, der Winkel der Spitze dem gegebenen Winkel α, und das Verhältniſs der Schenkelsumme zur Höhe dem gegebenen Verhält-p : q gleich sey.

Analysis.

Bezeichnet man die Schenkelsumme mit x, also die Höhe mit $\frac{q}{p}x$, so ist wegen des gegebenen Winkels α, verm. Dat. 76. das Verhältniſs

$$x^2 - g^2 : \frac{q}{2p}gx$$

also auch $x^2 - g^2 : gx$ } gegeben;
das ist $Ax . xC : g . Bx$ } wenn man $AB = BC = g$ macht, und $Bx = x$ setzt;

folglich läſst sich, verm. Apoll. de sect. det. Buch I. Aufg. 4. Fall 2., der Punkt x, somit die Linie Bx finden, und das Dreieck construiren.

Aufgabe 12. (*Fig.* 12.)

Ein Dreieck zu beschreiben, in welchem die Grundlinie der gegebenen geraden Linie g, der Winkel der Spitze dem gegebenen Winkel α, und das Verhältniſs der Schenkeldifferenz zur Höhe dem gegebenen Verhältniſs p : q gleich sey.

Analysis. (Fig. 12. a.)

Bezeichnet man die Schenkeldifferenz mit x, also die Höhe mit $\frac{q}{p}x$, so ist, vermöge Dat. 76. Zus., das Verhältniſs $g^2 - x^2 : \frac{q}{2p}gx$

also auch $g^2 - x^2 : gx$ } gegeben,
das ist $Ax . xC : g . Bx$ } wenn man $AB = BC$ macht, und

Bx=x setzt, folglich läſst sich, verm. Apoll. de sect. det. Buch I. Aufg. 3. Fall 2., der Punkt x, somit die Linie Bx finden, und das Dreieck construiren.

Construction.

Man mache ∠HPK=α, HP=PK, ziehe die gerade Linie HK, nehme HA=AK, AL=p, AM=q, LO⧺PM, QA=2AK, DA=g=AB=BC, QE⧺DO, lege durch C und den Durchschnitt E der Linie AC, QE zu verschiedenen Seiten von AE Perpendikel auf AE, nehme FE=EA, GC=CB, beschreibe über der geraden Linie GF einen Halbkreis, welcher die Linie AB in x schneide, und über AB einen Kreisabschnitt, welcher des Nebenwinkels des Winkels PHA fähig ist, lege in denselben die Sehne BT, welche über T hinaus nach R verlängert werde, ziehe die gerade Linie AT, und mache RAT =ATR, so ist, wenn R der Durchschnitt der Linien BR, AR ist, △ABR das verlangte.

Beweis.

Vermöge Apoll. de sect. determ. Buch I. Aufg. 3. Fall 2. ist

$$\left.\begin{matrix} Ax.xC : DA.Bx \\ AB^2-Bx^2 : DA.Bx \\ \left\{\begin{matrix} g^2-Bx^2 : AB.RV \\ AB.RV : DA.Bx \end{matrix}\right\} \end{matrix}\right\} = QA : AO$$

$$= \left\{\begin{matrix} 2AK : AP \\ AP : AO \end{matrix}\right\}$$ d. h. QA:AO ist angesehen als aus den Verhältnissen 2AK:AP AP:AO zusammengesetzt, und so in den übrigen Doppelparenthesen dieses Beweises.

$$= \left\{\begin{matrix} 2AK : AP \\ MA : AL \end{matrix}\right\}$$

$$= \left\{\begin{matrix} 2AK : AP \\ q : p \end{matrix}\right\}$$

$$= \left\{\begin{matrix} 2TU : UR \\ q : p \end{matrix}\right\}$$ wenn die gerade Linie AU in U halbirt, und die gerade Linie RU gezogen ist;

$$= \left\{ \begin{matrix} AB^2-(BR-RA)^2 : 2\triangle ABR \\ q:p \end{matrix} \right\} \text{ (Dat. 76. Zus.)}$$

$$= \left\{ \begin{matrix} g^2 - Bx^2 : AB.RV \\ q:p \end{matrix} \right\}, \text{ wenn } AVR = R;$$

---

also ist auch $\left. \begin{matrix} AB.RV : DA.Bx \\ RV : BR-RA \end{matrix} \right\} = q:p$

Da auch $AB = g$, und $BFA = PHD$

also $RTA = PHA$

folglich $BRA = HPK = \alpha$

so ist $\triangle BRA$ das verlangte.

Anmerkung.

Dieselbe Aufgabe hat Pascal in folgender Weise behandelt.

Analysis (Fig. 12. b.)

Es sey $\triangle ABC$ das verlangte, sey ein Kreis um dasselbe beschrieben, und arc. $BE =$ arc. EC; es sey aus E als Mittelpunkt mit einem Radius $= EB$ ein Kreis beschrieben, welcher der Verlängerung von CA in G begegne, sey $EFA = R$; so ist, wenn die geraden Linien EC, BG gezogen werden,

$$\left. \begin{matrix} BAC \\ BGC + ABG \end{matrix} \right\} \begin{matrix} = BEC \\ = 2BGC \end{matrix}$$

also $ABG = BGC$

folglich $GA = AB$.

Da $GF = FC$

so ist $\left. \begin{matrix} FG - GA \\ AF \end{matrix} \right\} = FC - AB$

mithin $2AF = CA - AB$

$$\text{demnach } DA : 2AF = \begin{cases} DA : CA - AB \\ q : p \end{cases}$$

$$\text{somit } \left.\begin{array}{l} DA : AF \\ \left.\begin{array}{l} DA \,.\, BC \\ AB.CM \end{array}\right\} : AF \,.\, BC \end{array}\right\} = q : \tfrac{1}{2}p$$

wenn $AMC = R$.

$$\text{Ferner ist } \left.\begin{array}{l} AC : CM \\ BA \,.\, AC : AB \,.\, CM \end{array}\right\} = 1 : \sin.\alpha$$

$$\text{also } BA \,.\, AC : AF \,.\, BC = q : \tfrac{1}{2}p \,.\, \sin.\alpha$$

$$\text{Auch ist } \left.\begin{array}{l} FA : AE \\ FA \,.\, BC : AE \,.\, BC \end{array}\right\} = \left\{\begin{array}{l} \sin.\ AEF \\ \cos.\ EAF \\ \cos.\ EBC \\ \sin.\ \tfrac{1}{2} BEC \\ \sin.\ \tfrac{1}{2}\alpha \end{array}\right\} : 1$$

$$\text{folglich } BA.AC : AE.BC = \begin{cases} q.\sin.\tfrac{1}{2}\alpha : \tfrac{1}{2}p.\sin.\tfrac{1}{2}\alpha \\ q : p.\cos.\tfrac{1}{2}\alpha \quad \text{(Diesterwegs trigonom. Formeln §. 4.)} \\ KL : BC, \quad \text{wenn } q : p \cos.\tfrac{1}{2}\alpha = KL : BC; \\ KL.AE : AE.BC, \end{cases}$$

$$\text{mithin } \left.\begin{array}{r} BA \,.\, AC \\ GA \,.\, AC \\ \text{(El. III. 35.)}\ HA \,.\, AK \end{array}\right\} = KL \,.\, AE$$

$$\text{somit } HA \,.\, AL = KL \,.\, EH.$$

$$\text{Es ist } CB : \begin{cases} BE = \sin.\alpha : \cos.\tfrac{1}{2}\alpha \\ EH = 2\sin.\tfrac{1}{2}\alpha : 1 \end{cases}$$

$$\text{also } EH = \frac{CB}{2\sin.\tfrac{1}{2}\alpha}.$$

$$\text{Da auch } CB : KL = p\cos.\tfrac{1}{2}\alpha : q$$

$$\text{so ist } CB^2 : EH \,.\, KL = \begin{cases} 2p\sin.\tfrac{1}{2}\alpha.\cos.\tfrac{1}{2}\alpha : q \\ p\sin.\alpha : q \end{cases}$$

$$\text{also } EH.KL = \frac{q}{p\sin.\alpha} CB^2$$

$$\text{folglich } KL = \frac{qCB^2.2\sin.\frac{1}{2}\alpha}{p\sin.\alpha.CB}$$

$$= \frac{q}{p\cos.\frac{1}{2}\alpha} BC.$$

$$\text{Da } CB : \left\{\begin{matrix} 2EH \\ KH \end{matrix}\right\} = \sin.\tfrac{1}{2}\alpha : 1$$

$$\text{so ist } KH = \frac{CB}{\sin.\frac{1}{2}\alpha}$$

folglich

$$LH = \left(\frac{q}{p\cos.\frac{1}{2}\alpha} + \frac{1}{\sin.\frac{1}{2}\alpha}\right) BC = \frac{q\sin.\frac{1}{2}\alpha + p\cos.\frac{1}{2}\alpha}{\sin.\alpha} 2BC$$

mithin

$$\left.\begin{matrix} HA.AL \\ \frac{q}{p\sin.\alpha} CB^2 \end{matrix}\right\} \begin{matrix} (= HA(LH - HA)) \\ = HA \frac{q\sin.\frac{1}{2}\alpha - p\cos.\frac{1}{2}\alpha}{\sin.\alpha} (2BC - HA) \end{matrix}$$

demnach läſst sich HA, somit AE=EH—HA, der Gröſse nach finden. Da, wegen der gegebenen Linie BC und des gegebenen Winkels BAC, der um das Dreieck zu beschreibende Kreis der Gröſse, und, wenn BC der Lage nach gegeben ist, auch der Lage nach gegeben ist, so ist der Punkt E, also der Punkt A, somit das Dreieck ABC der Gröſse und Lage nach gegeben.

Construction.

Man beschreibe über der geraden Linie BC=g einen Kreisabschnitt, welcher des Winkels α fähig ist, mache BV=VC, BVE=R, von dem Durchschnitte E der Linie VE mit dem Umfange des Abschnittes an trage man auf die Verlängerung von VE die Linien EP=BC, EO=q, EN=p, ziche PQ#BC, und verlängere dieselbe, bis sie der Verlängerung von BE in Q begegne, mache OR#NQ, ET=TR, TEW=R, verlängere EW, bis sie dem aus E als Mittelpunkt mit einem Radius =EB beschriebenen Kreise in W begegne, mache UT=TW, AE=EU, und ziehe die geraden Linien BA, AC, so ist △ABC das verlangte.

Beweis.

$$\text{Es ist } RU.UE+TE^2 = \left\{\begin{array}{l} TU^2 \text{ (El. II. 6.)} \\ TW^2 \\ \left\{\begin{array}{l} WE^2 \\ EB^2 \end{array}\right\} + ET^2 \end{array}\right.$$

$$\left.\begin{array}{r} \text{also } RU.UE \\ RE.EU+\left\{\begin{array}{l} UE^2 \\ EA^2 \end{array}\right\} \end{array}\right\} = \left\{\begin{array}{l} EB^2 \\ CE^2 \\ CA^2+AE^2\text{-}2CA.AF \text{ (El.II.13.)} \end{array}\right.$$

$$\text{folglich } RE.EU = \left\{\begin{array}{l} CA^2-2CA.AF \\ CF^2-FA^2 \text{ (El. II. 7.)} \\ CA.AG \\ CA.AB \\ AD.Ex \end{array}\right.$$

$$\text{mithin } RE : Ex = AD : \left\{\begin{array}{l} EU \\ EA \end{array}\right. \quad \text{(El. VI. 16.)}$$

$$\text{Es ist } xE : EB = \left\{\begin{array}{l} BE : EV \\ AE : EF \end{array}\right.$$

$$\text{und } BE : EQ = \left\{\begin{array}{l} VE : \left\{\begin{array}{l} EP \\ 2BV \end{array}\right. \\ EF : 2FA \end{array}\right.$$

$$\text{demnach } \left.\begin{array}{r} RE : EQ \\ OE : EN \\ q : p \end{array}\right\} = AD : \left\{\begin{array}{l} 2FA \\ CA-AB \end{array}\right.$$

Da auch $CB=g$, $BAC=\alpha$, so ist $\triangle ABC$ das verlangte.

Aufgabe 13. (*Fig.* 13.)

Ein Dreieck zu beschreiben, in welchem die Grundlinie der gegebenen geraden Linie g, der Winkel der Spitze einem gegebenen Winkel, und der Radius des in dasselbe beschriebenen Kreises der gegebenen geraden Linie r gleich sey.

Analysis.

Es sey $\triangle ABC$ das verlangte, so ist verm. Dat. 76. das Verhältniſs $(BA+AC)^2-BC^2 : \triangle ABC$

$$\text{also auch } \left.\begin{matrix}(BA+AC)^2-BC^2\\(BA+AC+BC)(BA+AC-BC)\end{matrix}\right\} : \left\{\begin{matrix}2\triangle ABC\\(BA+AC+CB)r\end{matrix}\right.$$

$$BA+AC-CB : r$$

---

gegeben, folglich $BA+AC-\left\{\begin{matrix}CB\\g\end{matrix}\right.$ (Dat. 2.)

---

mithin $BA+AC$

somit das Dreieck ABC nach Aufg. 1. gegeben.

Aufgabe 14. (*Fig.* 14.)

Ein Dreieck ABC zu beschreiben, in welchem die Grundlinie AB der gegebenen geraden Linie g, der Winkel der Spitze ACB dem gegebenen Winkel α gleich sey, und in welches sich um den Winkel ACB ein Rhombus beschreiben lasse, dessen Seite einer der Gröſse nach gegebenen geraden Linie β gleich sey, und dessen dem Winkel ACB gegenüberliegende Winkelspitze auf die Seite AB falle.

Analysis.

Es sey ACB das gesuchte Dreieck, auch DECF der in dasselbe zu beschreibende Rhombus, so ist, wenn um das Dreieck ein Kreis beschrieben, die Diagonale CD des Rhombus gezogen und bis zu dem Durchschnitte G mit dem Kreise verlängert, auch die gerade Linie AG gezogen wird, $\left.\begin{array}{l} ACG = GCB \\ \quad = GAB \end{array}\right\}$ (El. III. 21.)

also $\triangle AGD \backsim \triangle AGC$ (El. VI. 4.)

folglich $CG : GA = AG : GD$

mithin $CG . GD = AG^2$ (El. VI. 17.)

Da wegen der der Gröſse nach gegebenen geraden Linie $AB = g$ und des der Gröſse nach gegebenen Winkels $ACB = \alpha$, der Kreis der Gröſse, und in so fern AB als der Lage nach gegeben angenommen wird, auch der Lage nach gegeben ist, so ist, weil die Diagonale CD des Rhombus den Winkel ACB halbirt, also auch arc. AG = arc. GB ist, der Punkt G, mithin die gerade Linie AG der Gröſse nach, folglich auch $CG . GD$ gegeben. Da auch $CG - GD = CD$ gegeben ist, so ist (Dat. 85.) GC der Gröſse nach gegeben. Da der Punkt G gegeben ist, so liegt C auf dem Umfange eines der Lage nach gegebenen Kreises (Apollonius ebene Oerter pag. 33.). Da C auch auf dem Umfange des um das Dreieck ABC beschriebenen, der Lage nach gegebenen Kreises liegt, so ist der Punkt C, somit das Dreieck ABC gegeben.

Construction.

Man beschreibe über der geraden Linie $AB = g$ einen Kreisabschnitt, welcher des Winkels α fähig ist, halbire AB in N, ziehe durch N den Durchmesser MG dieses Kreises, verbinde die Punkte A, G durch die gerade Linie AG, errichte in G auf AG ein Perpendikel LG, schneide auf demselben die Linie KG = der Diagonale PR des über der Linie β mit dem gegebenen Winkel QPS = α beschriebenen Rhombus PQRS, halbire GK in H, ziehe die gerade Linie HA, beschreibe aus H als Mittelpunkt mit dem Radius HA einen Kreis, welcher die Linie GL in L schneide, lege in den zuerst beschriebenen Kreis die Sehne CG = GL, und ziehe die geraden Linien AC, CB, so ist $\triangle$ABC das verlangte.

Determination.

Damit die Sehne CG = GL in den zuerst beschriebenen Kreis gelegt werden könne, mufs $LG \overline{\overline{<}} GM$ seyn.

$$\text{Es ist } \left.\begin{matrix}NA\\ \frac{1}{2}g\end{matrix}\right\} : \left.\begin{matrix}AO\\ \\ g : \left\{\begin{matrix}2AO\\ MG\end{matrix}\right.\end{matrix}\right\} = \sin.\alpha : 1$$

$$\text{also } MG = \frac{g}{\sin.\alpha}$$

$$\text{Ferner ist } GA : \left\{\begin{matrix}AN\\ \frac{1}{2}g\end{matrix}\right\} = 1 : \left\{\begin{matrix}\sin.AGN\\ \cos.GAB\\ \cos.\frac{1}{2}\alpha\end{matrix}\right.$$

$$\text{also } AG = \frac{g^2}{2\cos.\frac{1}{2}\alpha}$$

$$\left.\begin{matrix}\text{folglich } AG^2\\ \\ AH^2 - AG^2\end{matrix}\right\} \begin{matrix}= \frac{g}{4\cos.\overline{\frac{1}{2}\alpha}^2}\\ \\ = \frac{1}{4}g^2\overline{\sec.\frac{1}{2}\alpha}^2\end{matrix}$$

$$\text{Auch ist } \left.\begin{matrix}QP\\ \beta\end{matrix}\right\} : PR = \sin.\frac{1}{2}\alpha : \left\{\begin{matrix}\sin.\alpha\\ 2\sin.\frac{1}{2}\alpha.\cos.\frac{1}{2}\alpha\end{matrix}\right.$$

$$= 1 : 2\cos.\frac{1}{2}\alpha$$

$$\text{mithin } PR = 2\beta\cos.\tfrac{1}{2}\alpha$$

$$\text{somit } \left.\begin{matrix}\tfrac{1}{2}PR\\ HG\end{matrix}\right\} = \beta\cos.\tfrac{1}{2}\alpha$$

$$\text{demnach } AH^2 - \beta^2\overline{\cos.\tfrac{1}{2}\alpha}^2 = \tfrac{1}{4}g^2\overline{\sec.\tfrac{1}{2}\alpha}^2$$

$$\text{also } AH^2 = \tfrac{1}{4}g^2\overline{\sec.\tfrac{1}{2}\alpha}^2 + \beta^2\overline{\cos.\tfrac{1}{2}\alpha}^2$$

$$\text{folglich } \left.\begin{matrix}AH+HG\\ LG\end{matrix}\right\} = \sqrt{\tfrac{1}{4}g^2\overline{\sec.\tfrac{1}{2}\alpha}^2 + \beta^2\overline{\cos.\tfrac{1}{2}\alpha}^2} + \beta\cos.\tfrac{1}{2}\alpha$$

mithin mufs seyn

$$\sqrt{\tfrac{1}{4}g^2\overline{\sec.\tfrac{1}{2}\alpha}^2 + \beta^2\overline{\cos.\tfrac{1}{2}\alpha}^2} + \beta\cos.\tfrac{1}{2}\alpha \overset{=}{<} g.\text{cosec}.\alpha$$

somit

$$\tfrac{1}{4}g^2\overline{\sec.\tfrac{1}{2}\alpha}^2 + \beta^2\overline{\cos.\tfrac{1}{2}\alpha}^2 \overset{=}{<} g^2\overline{\text{cosec}.\alpha}^2 - 2g\beta\cos.\tfrac{1}{2}\alpha.\text{cosec}.\alpha + \beta^2\overline{\cos.\tfrac{1}{2}\alpha}^2$$

$$\text{demnach } \tfrac{1}{4}g^2\overline{\sec.\tfrac{1}{2}\alpha}^2 \overset{=}{<} g^2\overline{\text{cosec}.\alpha}^2 - 2g\beta\cos.\tfrac{1}{2}\alpha.\text{cosec}.\alpha$$

$$\text{also } \frac{\tfrac{1}{4}g}{\overline{\cos.\tfrac{1}{2}\alpha}^2} \overset{=}{<} \frac{g}{4\overline{\sin.\tfrac{1}{2}\alpha}^2\,\overline{\cos.\tfrac{1}{2}\alpha}^2} - \frac{2\beta\cos.\tfrac{1}{2}\alpha}{2\sin.\tfrac{1}{2}\alpha.\cos.\tfrac{1}{2}\alpha}$$

$$\text{folglich } g\overline{\sin.\tfrac{1}{2}\alpha}^2 \overset{=}{<} g - 4\beta\sin.\tfrac{1}{2}\alpha.\overline{\cos.\tfrac{1}{2}\alpha}^2$$

$$\text{mithin } 4\beta\sin.\tfrac{1}{2}\alpha\overline{\cos.\tfrac{1}{2}\alpha}^2 \overset{=}{<} g\overline{\cos.\tfrac{1}{2}\alpha}^2$$

$$\text{somit } 4\beta\sin.\tfrac{1}{2}\alpha \overset{=}{<} g.$$

Beweis.

Es ist $4\beta\sin.\tfrac{1}{2}\alpha \overset{=}{<} g$, also ist $LG \overset{=}{<} GM$, wie aus der Determination hervorgehet.

Da $GL > LH$

so ist $LG > AH$

also $LG > AG$ (El. I. 19.)

folglich $LG > GN$ (El. I. 19.)

mithin erreicht ein aus G als Mittelpunkt mit einem Radius $= GL$ beschriebener Kreis den Bogen AM.

Ferner ist $ACG = \left\{\begin{array}{l} GCB \\ GAN \end{array}\right.$

also $CG . GA = AG : GD$

folglich $CG : GD = \left\{\begin{array}{l} AG^2 \\ AH^2 - HG^2 \\ GL . LK \end{array}\right.$

mithin $CG : GL = LK : GD$

somit $LK = GD$

demnach $\left.\begin{array}{l} GL - LK \\ GK \\ PR \end{array}\right\} = \left\{\begin{array}{l} CG - GD \\ CD \end{array}\right.$

Da $ACD = DCB$, so ist, wenn $ED \# BC$ gezogen wird, $\left.\begin{array}{l} DCB \\ ACD \end{array}\right\} = CDE$

also $CE = ED$

folglich, wenn man $DF \# CE$ macht, ECFD ein Rhombus. Da überdieſs $DCE = \left\{\begin{array}{l} \frac{1}{2}\alpha \\ QPR \end{array}\right.$, $CDE = \left\{\begin{array}{l} DCE \\ QPR \\ QRP \end{array}\right.$, so ist $CE = \left\{\begin{array}{l} AQ \\ \beta \end{array}\right.$, also ist $\triangle ABC$ das verlangte.

Anmerkung.

Durch diese Aufgabe findet auch die andere ihre Auflösung: ein Dreieck zu beschreiben, in welchem die Grundlinie, der Winkel der Spitze und Segment der den Winkel der Spitze halbirender geraden Linie, welches zwischen der Spitze und der Grundlinie liegt, gegeben seyen.

Aufgabe 15. (*Fig.* 15.)

Ein Dreieck zu beschreiben, dessen Grundlinie, Höhe und Schenkelsumme den gegebenen geraden Linien g, h, S gleich seyen.

Analysis.

Es sey ABC das gesuchte Dreieck, so ist sowohl S^2-g^2, als gh, mithin $S^2-g^2:gh$ (Dat. 2.)

$$\text{somit } \overline{S^2-g^2 : \begin{cases} \tfrac{1}{2}gh \\ \triangle ABC \end{cases}}$$

also der Winkel ACB (Dat. 76. Conv.) gegeben, folglich die Aufgabe auf Aufg. 1. reducirt.

Construction.

Man mache AB=g, ABE=R, auf der Verlängerung von AB die gerade Linie FB=h, beschreibe über der geraden Linie AF einen die Verlängerung von EB in G erreichenden Halbkreis, und aus A als Mittelpunkt mit einem Radius = S einen Kreis, welcher BE in E schneide, nehme HB=BG, KG⋕HE, verbinde den Durchschnitt K der Linien BF, GK mit dem Halbirungspunkte L der geraden Linie BE durch die gerade Linie KL, nehme MLK=KLB, BN⋕ML, BU=UA, BUN=R, beschreibe aus dem Durchschnitte N der Linien RN', NU als Mittelpunkte einen Kreis mit einem Radius =NB, verlängere UN bis zum Durchschnitt mit dem Umfange desselben in Q, beschreibe aus Q als Mittelpunkt einen Kreis mit einem Radius = der geraden Linie QA, welcher von dem zweiten Kreise in R erreicht werde, ziehe die den Umfang des aus N als Mittelpunkt mit einem Radius =NB beschriebenen Kreises in C schneidende gerade Linie AR, und verbinde B mit C durch die gerade Linie BC, so ist ABC das verlangte Dreieck.

Determination.

Damit der Umfang des zweiten Kreises den Umfang des aus Q als Mittelpunkt beschriebenen Kreises erreiche, muſs $S \geqq 2AQ$ seyn (El. III. 15.).

$$\text{Es ist } UA : AQ = \begin{cases} \sin. AQU : 1 \\ \sin. BLK : 1 \\ BK : KL \end{cases}$$

$$\text{also } \left.\begin{matrix} UA \\ \frac{1}{2}g \end{matrix}\right\} : 2AQ = \begin{cases} BK : 2KL \\ \left.\begin{cases} EB . BK \\ HB . BG \\ AB . BF \\ gh \end{cases}\right\} : 2EB . KL \end{cases} \quad \text{(El. VI. 4. 16.)}$$

$$\text{folglich muſs seyn } \left.\begin{matrix} \frac{1}{2}g : S \\ gh : 2hS \end{matrix}\right\} \leqq gh : 2BE . KL \quad \text{(El. V. 8.)}$$

$$\text{mithin } hS \geqq \begin{cases} BE . KL \\ BE\sqrt{KB^2 + BL^2} \end{cases}$$

$$\text{somit } 2hS \overset{=}{>} BE\sqrt{4KB^2+BE^2}$$

$$\text{demnach } \left(\frac{2hS}{BE}\right)^2 \overset{=}{>} 4BK^2+BE^2$$

$$\text{also } \left.\begin{matrix} \left(4\left(\frac{hS}{BE}\right)^2-BK^2\right) \\ 4\left(\frac{hS}{BE}+BK\right)\left(\frac{hS}{BE}-BK\right) \\ 4\left(\frac{hS+EB.BK}{BE}\right)\left(\frac{hS-EB.BK}{BE}\right) \\ 4\left(\frac{hS+gh}{BE}\right)\left(\frac{hS-gh}{BE}\right) \\ \frac{4h^2(S+g)(S-g)}{BE^2} \\ \frac{4h^2(S^2-g^2)}{BE^2} \\ 4h^2 \end{matrix}\right\} > \left\{\begin{matrix} BE^2 \\ S^2-g^2 \end{matrix}\right.$$

$$\text{mithin } 4h^2+g^2 \overset{=}{>} S^2.$$

Beweis.

Es ist $4h^2+g^2 \overset{=}{>} S^2$ (Det.)

also erreicht der Umfang des zweiten Kreises den Umfang desjenigen, welcher Q zum Mittelpunkte hat.

Ferner ist $(AC+CB)^2-AB^2 : \angle ABC = 4RV : VC$ (Dat. 76.)

$$\text{also } \left.\begin{matrix} (AC+CB)^2-AB^2 \\ S^2-g^2 \end{matrix}\right\} : 2\triangle ABC = \left\{\begin{matrix} 2RV:VC \\ 2LB:BK \text{ (El.III.21.VI.4.)} \\ EB:BK \\ EB^2: \left\{\begin{matrix} EG^2 \\ gh \end{matrix}\right. \text{El.VI.20.Zus.} \end{matrix}\right.$$

folglich $\left.\begin{array}{l}2\triangle ABC\\ g.CD\end{array}\right\}=gh$, wenn $CDB=R$;

mithin $g:g=h:CD$

somit $CD=h$.

Da auch $AB=g$, so ist $\triangle ABC$ das verlangte.

Zusatz.

Es erhellet von selbst, daſs es im Fall eines Durchschnittes der Kreise, welche A, Q zu Mittelpunkten haben, zwey Dreiecke mit den verlangten Eigenschaften giebt.

Aufgabe 16. (*Fig.* 15.)

Ein Dreieck zu beschreiben, dessen Grundlinie, Höhe und Schenkeldifferenz den gegebenen geraden Linien g, h, d gleich seyen.

Analysis.

Es sey ACB das gesuchte Dreieck, so ist sowohl g^2-d^2, als gh, also $g^2-d^2:gh$

somit $g^2-d^2:\left\{\begin{array}{l}\frac{1}{2}gh\\ \triangle ABC\end{array}\right.$

folglich der Winkel ACB (Dat. 76. Zus. Conv.) gegeben, mithin die Aufgabe anf Aufg. 1. Anm. reducirt.

Aufgabe 17.

Ein Dreieck zu beschreiben, in welchem die Grundlinie und Höhe gegebenen geraden Linien, das Schenkelverhältniſs einem gegebenen Verhältniſse gleich sey.

Analysis.

Wenn die Grundlinie als der Lage nach gegeben angesehen wird, so liegt, wegen der gegebenen Höhe, die Spitze auf einer der Lage nach gegebenen geraden Linie (Dat. 37.). Wegen des gegebenen Verhältnifses der Schenkel liegt die Spitze auf einem der Gröfse und Lage nach gegebenen Kreisumfange (Apoll. ebene Oerter pag. 215.). Also liegt die Spitze im Durchschnitt beider Oerter, ist also gegeben, somit ist △ABC gegeben.

Andere Analysis. (Fig. 16.)

Es sey △ABC das verlangte, es sey auch CO die den Winkel ACB halbirende gerade Linie, und seyen O, G die Durchschnittspunkte derselben mit AB und dem in dem Halbirungspunkte F der Linie AB auf AB aufgerichteten Perpendikel FG. Macht man OGK=R, und verlängert GK bis zum Durchschnitt mit der durch O der Linie FG parallel gezogenen geraden Linie OK, so ist, wenn KO bis zum Durchschnitt M mit der geraden Linie CM, welche der AB parallel ist, verlängert wird,

△COM ∽ △KOG (El. VI. 4.)

also CO : OM=KO : OG

folglich $\left.\begin{matrix} CO . OG \\ AO . OB \end{matrix}\right\} = KO . OM$ (El. VI. 16.)

mithin MO : OB=AO : OK (El. VI. 16.).

Da AC : CB=AO : OB, so ist wegen des gegebenen Verhältnifses AC:CB, das Verhältnifs AO:OB, somit wegen der gegebenen AB=g sowohl AO, als OB (Dat. 8.) gegeben. Da MO=CD=h, so ist OK der Gröfse nach, somit wegen der der Lage nach gegebenen OK der

Punkt K gegeben. Da OGK=R, so liegt G auf dem Umfange eines der Gröſse und Lage nach gegebenen Halbkreises. Weil er auch auf der der Lage nach gegebenen Linie FG liegt, so ist der Punkt G, demnach die gerade Linie GOC der Lage nach gegeben. Da CDB=R, CD=h, so ist auch CM der Lage nach gegeben (Dat. 37.), also auch der Durchschnitt C der Linien OC, CM (Dat. 28.) folglich das Dreieck ABC gegeben.

Aufgabe 18.

Ein Dreieck zu beschreiben, in welchem die Grundlinie und Höhe den gegebenen geraden Linien g, h, das Rechteck der Schenkel dem Quadrate der gegebenen geraden Linie α gleich sey.

Analysis.

Da g, h gegeben sind, also auch g.h gegeben ist, so ist $\alpha^2 : gh$, somit $\alpha^2 : \frac{1}{2}gh$, folglich der Winkel der Spitze (Dat. 62. Conv.) gegeben, mithin die Aufgabe auf die andere leicht auflösbare reducirt: ein Dreieck zu beschreiben, dessen Grundlinie, Höhe und Winkel der Spitze gegeben sind.

Anmerkung.

Robert Simson behandelt diese Aufgabe nach folgender

Analysis. (Fig. 2. b.)

Es sey △ABC das verlangte, so ist, wenn CK seine Höhe, und CR der Durchmesser des um das Dreieck beschriebenen Kreises ist, auch die gerade Linie BR gezogen worden ist, wird △ACK ∽ △BCR (El. III. 21. VI. 4.)

$$\text{also } AC : CK = RC : CB$$

$$\text{folglich } \underbrace{AC \cdot CB}_{\alpha^2} = RC \cdot CK \text{ (El. VI. 16.)}$$

$$\text{mithin } \underbrace{KC}_{h} : \alpha = \alpha : RC \text{ (El. VI. 17.)}$$

demnach ist RC (Dat. 2.), somit auch die Hälfte OC der Gröfse nach gegeben. Wird AB als der Lage nach gegeben angenommen, so ist, wenn LA=AB, der Punkt L, und wenn ALO=R, die Lage der Linie LO (Dat. 32.), also auch der Mittelpunkt des um das Dreieck zu beschreibenden Kreises (Apoll. ebene Oerter pag. 32. Dat. 28.), folglich der Kreis der Gröfse und Lage nach gegeben, auf dessen Umfange die Spitze C liegt. Da wegen der der Gröfse nach gegebenen CK die Spitze C auch auf der geraden Linie CG liegt (Dat. 37.), welche in der Entfernung CK=h der Linie AB parallel gezogen wird, so ist der Punkt C, somit das Dreieck ABC gegeben.

Aufgabe 19. (*Fig.* 4. b.)

Ein Dreieck zu beschreiben, in welchem die Grundlinie und Höhe gegebenen geraden Linien, die Summe der Quadrate der Schenkel dem Quadrate einer gegebenen geraden Linie gleich sey.

Analysis.

Es sey △ABC das verlangte, so liegt, wenn die Grundlinie BC als der Lage nach gegeben angesehen wird, die Spitze A, wegen der gegebenen Höhe AE, auf einer der Lage nach gegebenen geraden Linie (Dat. 37.). Wenn BC in D halbirt, und die gerade Linie DA gezogen wird, so liegt die Spitze wegen der der Gröfse nach gegebenen Grundlinie und der gegebenen Summe der Quadrate der Schenkel auf einem der Lage und Gröſse nach gegebenem Kreisumfange, wie in Aufgabe 4. dargethan ist, also ist die Spitze, somit das Dreieck gegeben.

Aufgabe 20.

Ein Dreieck zu beschreiben, in welchem die Grundlinie und Höhe gegebenen geraden Linien, der Unterschied der Quadrate der Schenkel einem gegebenen Quadrate gleich sey.

Analysis.

Da, wenn die Grundlinie als der Lage nach gegeben angesehen wird, wegen der gegebenen Höhe die Spitze auf einer der Lage nach gegebenen geraden Linie liegt, wie Aufg. 19., und da, wegen der der Gröſse nach gegebenen Grundlinie und der gegebenen Differenz der Quadrate der Schenkel, die Spitze auch auf einer andern der Lage nach gegebenen geraden Linie liegt, wie in Aufg. 5. dargethan wurde, so ist die Spitze, somit das Dreieck gegeben.

Aufgabe. 21. (*Fig.* 17.)

Ein Dreieck zu beschreiben, in welchem der Winkel der Spitze einem gegebenen Winkel, die Summe der Grundlinie und Höhe, und die Schenkelsumme den gegebenen geraden Linie S, a gleich seyen.

Analysis.

Bezeichnet man die Grundlinie mit x, also die Höhe mit S—x, so ist verm. Dat. 76. das Verhältniſs

$$a^2 - x^2 : \frac{x(S-x)}{2}$$

also auch $a^2 - x^2 : x(S-x)$
d. i. $Ax \cdot xC : Bx \cdot xD$ } gegeben, wenn $AB = BC = a$, $Bx = x$, $BD = S$ gesetzt wird, also läſst sich, verm. Apoll. de sect. det. Buch II. Aufg. 1., der Punkt x, somit Bx und das Dreieck finden.

Aufgabe 22. (*Fig.* 18.)

Ein Dreieck zu beschreiben, in welchem der Winkel der Spitze einem gegebenen Winkel, die Summe der Grundlinie und Höhe, und die Schenkeldifferenz den gegebenen geraden Linien S, d gleich seyen.

Analysis.

Bezeichnet man die Grundlinie mit x, also die Höhe mit S—x, so ist verm. Dat. 76. Zus. das Verhältniſs

$$x^2 - d^2 : \frac{x(S-x)}{2}$$

also auch $x^2 - d^2 : x(S-x)$
d. i. $Ax \cdot xC : Bx \cdot xD$ } gegeben, wenn $AB = BC = d$, $Bx = x$, $BD = S$ gesetzt wird, also läſst sich, verm. Apoll. de sect. det. Buch I. Aufg. 2. Fall. 2., der Punkt x, somit Bx und das Dreieck finden.

Aufgabe 23.

Ein Dreieck zu beschreiben, in welchem der Winkel der Spitze einem gegebenen Winkel, die Summe der Grundlinie und Höhe einer gegebenen geraden Linie, und das Verhältniſs der Schenkel einem gegebenen Verhältniſse gleich sey.

Analysis.

Wegen des gegebenen Winkels der Spitze und des gegebenen Verhältnifses der Schenkel ist das Dreieck der Art nach (Dat. 44.), also das Verhältnifs der Grundlinie zur Höhe (Dat. 50.) gegeben. Da auch die Summe der Grundlinie und Höhe gegeben ist, so ist sowohl die Grundlinie, als die Höhe gegeben (Dat. 8.), folglich läſst sich das Dreieck finden.

Aufgabe 24.

Ein Dreieck zu beschreiben, in welchem der Winkel der Spitze einem gegebenen Winkel, die Summe der Grundlinie und Höhe der gegebenen geraden Linie S, und das Rechteck der Schenkel dem Quadrate der gegebenen geraden Linie b gleich sey.

Analysis.

Bezeichnet man die Grundlinie mit x, also die Höhe mit S—x, so ist verm. Dat. 62. das Verhältnifs

$$b^2 : \frac{x(S-x)}{2}$$

alſo auch $b^2 : x(S-x)$ gegeben

---

folglich $x(S-x)$ gegeben (Dat. 2.).

Da $x+S-x \quad S$, so ist (Dat. 86.) x, folglich das Dreieck gegeben.

Aufgabe 25. (*Fig.* 19.)

Ein Dreieck zu beschreiben, in welchem der Winkel der Spitze dem gegebenen Winkel α, die Summe der Grundlinie und Höhe, und der Umfang den gegebenen geraden Linien S, U gleich seyen.

Analysis.

Bezeichnet man die Grundlinie mit x, also die Höhe mit S—x, und die Schenkelsumme mit U—x, so ist verm. Dat. 76. das Verhältnifs

$$(U-x)^2-x^2 : \frac{x(S-x)}{2}$$

$$\text{also}\ \left.\begin{matrix}(U-x)^2-x^2\\ U^2-2Ux\\ 2U(\frac{1}{2}U-x)\end{matrix}\right\} : \left.x(S-x)\right\}\ \text{gegeben}$$

folglich auch $U(\frac{1}{2}U-x) : x(S-x)$
d. i. $U.Bx : Ax.xC$ } gegeben, wenn AB $=\frac{1}{2}U$, Ax=x, AC=S gesetzt wird, mithin läfst sich, verm. Apoll. de sect. det. Buch. I. Aufg. 3. Fall 2., der Punkt x, somit Ax, und das Dreieck finden.

Construction.

Man mache LHK=α, verlängere LH um PH=HK, ziehe die gerade Linie PK, nehme HAP=R, verlängere HA zu beiden Seiten, mache BA=AO=OM=$\frac{1}{2}$U, QA=AH, QE$\#$MP, AC=S, nehme AEF=R=ACG zu verschiedenen Seiten von AE, FE=EA, GC=CB, beschreibe über der geraden Linie FG einen Halbkreis, welcher die gerade Linie AB in x schneide, und über Ax einen Kreisabschnitt, welcher des Winkels α fähig ist, mache AxU=R, Ux=xC, UN$\#$AB, und verbinde den Durchschnitt N der Linie NU mit dem Umfange des über Ax beschriebenen Abschnittes mit den Punkten A, x durch die geraden Linien AN, Nx, so ist ANx das verlangte Dreieck.

Determination.

Damit UN den Bogen über Ax erreiche, mufs, wenn

AR=Rx, ART=R, und der Durchschnitt des Bogens mit der Linie RT ist, seyn $Ux \overset{=}{<} RT$.

$$\text{Es ist } PA : \left.\begin{Bmatrix} AQ \\ AH \end{Bmatrix}\right\} = \begin{Bmatrix} MA \\ U \end{Bmatrix} : AE \quad \text{(El. VI. 4.)}$$
$$1 : \tan.\tfrac{1}{2}\alpha$$

$$\text{also } AE = U\tan.\tfrac{1}{2}\alpha$$

$$\text{folglich } \left.\begin{matrix} AE.BC \\ FE.GC \\ Cx.xE \\ Vx^2 - \begin{Bmatrix} VC^2 \\ \left(\frac{EA-AC}{2}\right)^2 \\ \left(\frac{U\tan.\frac{1}{2}\alpha - S}{2}\right)^2 \end{Bmatrix} \end{matrix}\right\} = U\tan.\tfrac{1}{2}\alpha(S-\tfrac{1}{2}U)$$

(Apoll. de sect. det. Lehns. A. pag. 5.)

(El. II. 6.) wenn CV=VE;

---

mithin

$$Vx^2 \left(\frac{U\tan.\frac{1}{2}\alpha - S}{2}\right)^2 + U\tan.\tfrac{1}{2}\alpha(S-\tfrac{1}{2}U)$$
$$= \frac{U^2\overline{\tan.\frac{1}{2}\alpha}^2 - 2US\tan.\frac{1}{2}\alpha + S^2 + 4US\tan.\frac{1}{2}\alpha - 2U^2\tan.\frac{1}{2}\alpha}{4}$$
$$= \frac{(U\tan.\frac{1}{2}\alpha + S)^2 - 2U^2\tan.\frac{1}{2}\alpha}{4}$$

---

somit

$$Vx = \tfrac{1}{2}\sqrt{(U\tan.\tfrac{1}{2}\alpha + S)^2 - 2U^2\tan.\tfrac{1}{2}\alpha}$$

---

demnach

$$Cx = \tfrac{1}{2}\sqrt{(U\tan.\tfrac{1}{2}\alpha + S)^2 - 2U^2\tan.\tfrac{1}{2}\alpha} - \frac{U\tan.\frac{1}{2}\alpha - S}{2}$$

---

also

$$Ax = S - \tfrac{1}{2}\sqrt{(U\tan.\tfrac{1}{2}\alpha + S)^2 - 2U^2\tan.\tfrac{1}{2}\alpha} + \frac{U\tan.\frac{1}{2}\alpha - S}{2}$$

$$=\frac{S+U\tan.\tfrac{1}{2}\alpha-\sqrt{(U\tan.\tfrac{1}{2}\alpha+S)^2-2U^2\tan.\tfrac{1}{2}\alpha}}{2}$$

---

folglich

$$\left.\begin{array}{l}\tfrac{1}{2}Ax\\ AR\end{array}\right\}=\frac{S+U\tan.\tfrac{1}{2}\alpha-\sqrt{(U\tan.\tfrac{1}{2}\alpha+S)^2-2U^2\tan.\tfrac{1}{2}\alpha}}{4}$$

---

mithin

$$RT=\frac{S+U\tan.\tfrac{1}{2}\alpha-\sqrt{(U\tan.\tfrac{1}{2}\alpha+S)^2-2U^2\tan.\tfrac{1}{2}\alpha}}{4\tan.\tfrac{1}{2}\alpha}$$

---

demnach muſs seyn

$$\tfrac{1}{2}\sqrt{(U\tan.\tfrac{1}{2}\alpha+S)^2-2U^2\tan.\tfrac{1}{2}\alpha}-\frac{U\tan.\tfrac{1}{2}\alpha-S}{2}$$

$$\leqq\frac{S+U\tan.\tfrac{1}{2}\alpha-\sqrt{(U\tan.\tfrac{1}{2}\alpha+S)^2-2U^2\tan.\tfrac{1}{2}\alpha}}{4\tan.\tfrac{1}{2}\alpha}$$

---

also

$$2\tan.\tfrac{1}{2}\alpha\left(\sqrt{(U\tan.\tfrac{1}{2}\alpha>S)^2-2U^2\tan.\tfrac{1}{2}\alpha}-(U\tan.\tfrac{1}{2}\alpha-S)\right)$$

$$\leqq S+U\tan.\tfrac{1}{2}\alpha-\sqrt{(U\tan.\tfrac{1}{2}\alpha+S)^2-2U^2\tan.\tfrac{1}{2}\alpha}$$

---

folglich

$$(1+2\tan.\tfrac{1}{2}\alpha)\sqrt{(U\tan.\tfrac{1}{2}\alpha+S)^2-2U^2\tan.\tfrac{1}{2}\alpha}$$

$$\leqq\begin{cases}S+U\tan.\tfrac{1}{2}\alpha+2\tan.\tfrac{1}{2}\alpha(U\tan.\tfrac{1}{2}\alpha-S)\\ S(1-2\tan.\tfrac{1}{2}\alpha)+U\tan.\tfrac{1}{2}\alpha(1+2\tan.\tfrac{1}{2}\alpha)\end{cases}$$

---

mithin

$$\sqrt{(U\tan.\tfrac{1}{2}\alpha+S)^2-2U^2\tan.\tfrac{1}{2}\alpha}\leqq S.\frac{1-2\tan.\tfrac{1}{2}\alpha}{1+2\tan.\tfrac{1}{2}\alpha}+U\tan.\tfrac{1}{2}\alpha$$

---

somit $\left.\begin{array}{l}(U\tan.\tfrac{1}{2}\alpha+S)^2-2U^2\tan.\tfrac{1}{2}\alpha\\ U^2\overline{\tan.\tfrac{1}{2}\alpha}^2+2US\tan.\tfrac{1}{2}\alpha+S^2-2U^2\tan.\tfrac{1}{2}\alpha\end{array}\right\}\overset{=}{<}S^2\left(\frac{1-2\tan.\frac{1}{2}\alpha}{1+2\tan.\frac{1}{2}\alpha}\right)^2$

$$+2US\tan.\tfrac{1}{2}\alpha\frac{1-2\tan.\frac{1}{2}\alpha}{1+2\tan.\frac{1}{2}\alpha}+U^2\overline{\tan.\tfrac{1}{2}\alpha}^2$$

---

demnach $2US\tan.\tfrac{1}{2}\alpha+S^2-2U^2\tan.\tfrac{1}{2}\alpha\overset{=}{<}S^2\left(\frac{1-2\tan.\frac{1}{2}\alpha}{1+2\tan.\frac{1}{2}\alpha}\right)^2$

$$+2US\tan.\tfrac{1}{2}\alpha\frac{1-2\tan.\frac{1}{2}\alpha}{1+2\tan.\frac{1}{2}\alpha}$$

---

also $2US\tan.\tfrac{1}{2}\alpha+S^2-2U^2\tan.\tfrac{1}{2}\alpha+4US\overline{\tan.\tfrac{1}{2}\alpha}^2+2S^2\tan.\tfrac{1}{2}\alpha$

$$-4U^2\overline{\tan.\tfrac{1}{2}\alpha}^2\overset{=}{<}S^2\frac{(1-2\tan.\frac{1}{2}\alpha)^2}{1+2\tan.\frac{1}{2}\alpha}+2US\tan.\tfrac{1}{2}\alpha-4US\overline{\tan.\tfrac{1}{2}\alpha}^2$$

---

folglich

$S^2-2U^2\tan.\tfrac{1}{2}\alpha+8US\overline{\tan.\tfrac{1}{2}\alpha}^2+2S^2\tan.\tfrac{1}{2}\alpha-4U^2\overline{\tan.\tfrac{1}{2}\alpha}^2$

$$\overset{=}{<}\frac{S^2-4S^2\tan.\frac{1}{2}\alpha+4S^2\overline{\tan.\frac{1}{2}\alpha}^2}{1+2\tan.\frac{1}{2}\alpha}$$

---

mithin

$S^2-2U^2\tan.\tfrac{1}{2}\alpha+8US\overline{\tan.\tfrac{1}{2}\alpha}^2+2S^2\tan.\tfrac{1}{2}\alpha-4U^2\overline{\tan.\tfrac{1}{2}\alpha}^2$

$+2S^2\tan.\tfrac{1}{2}\alpha-4U^2\overline{\tan.\tfrac{1}{2}\alpha}^2+16US\overline{\tan.\tfrac{1}{2}\alpha}^3+4S^2\overline{\tan.\tfrac{1}{2}\alpha}^2$

$$-8U^2\overline{\tan.\tfrac{1}{2}\alpha}^3\overset{=}{<}S^2-4S^2\tan.\tfrac{1}{2}\alpha+4S^2\overline{\tan.\tfrac{1}{2}\alpha}^2$$

---

somit $-U^2+4US\tan.\tfrac{1}{2}\alpha+S^2-2U^2\tan.\tfrac{1}{2}\alpha+S^2-2U^2\tan.\tfrac{1}{2}\alpha$

$$+8US\overline{\tan.\tfrac{1}{2}\alpha}^2+4U^2\overline{\tan.\tfrac{1}{2}\alpha}^2\overset{=}{<}-2S^2$$

---

demnach

$$\left.\begin{array}{l}4S^2+8US\overline{\tan.\tfrac{1}{2}\alpha}^2+4US\tan.\tfrac{1}{2}\alpha\\ 4S^2+4US\tan.\tfrac{1}{2}\alpha(2\tan.\tfrac{1}{2}\alpha+1)\end{array}\right\}\overset{=}{<}\left\{\begin{array}{l}U^2+4U^2\tan.\tfrac{1}{2}\alpha+4U^2\overline{\tan.\tfrac{1}{2}\alpha}^2\\ U^2(1+4\tan.\tfrac{1}{2}\alpha+4\overline{\tan.\tfrac{1}{2}\alpha}^2)\\ U^2(1+2\tan.\tfrac{1}{2}\alpha)^2.\end{array}\right.$$

---

also

$$(2S+U\tan.\tfrac{1}{2}\alpha(2\tan.\tfrac{1}{2}\alpha+1))^2 \leqq \begin{cases} U^2(1+2\tan.\tfrac{1}{2}\alpha)^2(1+\overline{\tan.\tfrac{1}{2}\alpha}^2) \\ U^2(1+2\tan.\tfrac{1}{2}\alpha)^2\overline{\sec.\tfrac{1}{2}\alpha}^2 \end{cases}$$

---

folglich $2S \leqq U(1+2\tan.\tfrac{1}{2}\alpha)(\sec.\tfrac{1}{2}\alpha-\tan.\tfrac{1}{2}\alpha)$

$$\text{mithin } S:U < \begin{cases} (1+2\tan.\tfrac{1}{2}\alpha)(\sec.\tfrac{1}{2}\alpha-\tan.\tfrac{1}{2}\alpha):2 \\ (1+2\tan.\tfrac{1}{2}\alpha)\dfrac{1-\sin.\tfrac{1}{2}\alpha}{\cos.\tfrac{1}{2}\alpha}:2 \\ (1+2\tan.\tfrac{1}{2}\alpha)2\overline{\sin.(45^0-\tfrac{1}{4}\alpha)}^2:2\cos.\tfrac{1}{2}\alpha \\ (1+2\tan.\tfrac{1}{2}\alpha)\overline{\sin.(45^0-\tfrac{1}{4}\alpha)}^2:\cos.\tfrac{1}{2}\alpha \\ (\cos.\tfrac{1}{2}\alpha+2\sin.\tfrac{1}{2}\alpha)\overline{\sin.(45^0-\tfrac{1}{4}\alpha)}^2:\overline{\cos.\tfrac{1}{2}\alpha}^2 \\ (\cos.\tfrac{1}{2}\alpha+2\sin.\tfrac{1}{2}\alpha)\dfrac{(\cos.\tfrac{1}{4}\alpha-\sin.\tfrac{1}{4}\alpha)^2}{2} \\ \qquad : \begin{cases} (\overline{\cos.\tfrac{1}{4}\alpha}^2-\overline{\sin.\tfrac{1}{4}\alpha}^2)^2 \\ (\cos.\tfrac{1}{4}\alpha+\sin.\tfrac{1}{4}\alpha)^2(\cos.\tfrac{1}{4}\alpha-\sin.\tfrac{1}{4}\alpha)^2 \end{cases} \\ (\cos.\tfrac{1}{2}\alpha+2\sin.\tfrac{1}{2}\alpha): \begin{cases} 2(\cos.\tfrac{1}{4}\alpha+\sin.\tfrac{1}{4}\alpha)^2 \\ 2\overline{\sin.(45^0+\tfrac{1}{4}\alpha)}^2 \end{cases} \end{cases}$$

Beweis.

Es ist $S:U \leqq (\cos.\tfrac{1}{2}\alpha+2\sin.\tfrac{1}{2}\alpha):2\overline{\sin.(45^0+\tfrac{1}{4}\alpha)}^2$

also erreicht die Linie UN den Kreisbogen über Ax, wie aus der Determ. hervorgehet.

Ferner ist, verm. Apoll. de sect. det. Buch I. Aufg. 3. Fall 2. Bew., $U.Bx: \begin{Bmatrix} Ax.xC \\ Ax(S-Ax) \end{Bmatrix} = PA: \begin{cases} AQ \\ AH \end{cases}$

$$\left.\begin{matrix} \text{also } 2U.Bx \\ 2U(\tfrac{1}{2}U-Ax) \\ \\ U^2-2U.Ax \\ (U-Ax)^2-Ax^2 \end{matrix}\right\} : \begin{Bmatrix} \tfrac{1}{2}Ax(S-Ax) \\ \triangle ANx \end{Bmatrix} = \begin{cases} 4PA:AH \\ 4Wy:yN, \text{ wenn } WN = Nx \text{ und } NyW = R; \end{cases}$$

$= (AN+Nx)^2 - Ax^2 : \triangle AxN$ (Dat. 76.)

folglich $(U-Ax)^2 - Ax^2 = (AN+Nx)^2 - Ax^2$

mithin $(U-Ax)^2 = (AN+Nx)^2$

somit $U-Ax = AN+Nx$

demnach $U = AN+Nx+Ax$.

Da auch $ANx = \alpha$, $Ax+xU = Ax+xC = AC = S$, so ist $\triangle ANx$ das verlangte.

Zusatz.

Es erhellet von selbst, dafs es im Fall eines Durchschnittes ein zweites Dreieck mit den gegebenen Eigenschaften giebt.

Aufgabe 26. (*Fig.* 20.).

Ein Dreieck zu beschreiben, in welchem der Winkel der Spitze einem gegebenen Winkel, die Summe der Grundlinie und Höhe, und der Ueberschufs der Schenkelsumme über die Grundlinie den gegebenen geraden Linien S, d gleich seyen.

Analysis.

Bezeichnet man die Grundlinie mit x, also die Schenkelsumme mit d+x, und die Höhe mit S−x, so ist verm. Dat. 76. das Verhältnifs

$$(d+x)^2 - x^2 : x\frac{S-x}{2}$$

$$\text{also } \left.\begin{matrix} \left.\begin{matrix} (d+x)^2 - x^2 \\ d^2+2dx \\ 2d(\tfrac{1}{2}d+x) \end{matrix}\right\} : x(S-x) \\ \text{d. i. } 2d \, . \, Ax : Bx \, . \, xC \end{matrix}\right\} \text{ gegeben, wenn AB}$$

$=\frac{1}{2}d$, $Bx=x$, $BC=S$ gesetzt wird, folglich ist, verm. Apoll. de sect. det. Buch I. Aufg. 3. Fall 3., der Punkt x, somit Bx und das ganze Dreieck gegeben.

Aufgabe 27. (*Fig.* 21.)

Ein Dreieck zu beschreiben, in welchem der Winkel der Spitze einem gegebenen Winkel, die Summe der Grundlinie und Höhe, und der Ueberschuſs der Grundlinie über die Schenkeldifferenz den gegebenen geraden Linien S, d gleich seyen.

Analysis.

Bezeichnet man die Grundlinie mit x, also die Höhe mit S—x, und die Schenkeldifferenz mit x—d, so ist verm. Dat. 76. Zus. das Verhältniſs

$$x^2-(x-d)^2 : \frac{x(S-x)}{2}$$

folglich

$$\left.\begin{array}{l} \left.\begin{array}{l} x^2-(x-d)^2 \\ 2dx-d^2 \\ 2d(x-\frac{1}{2}d) \end{array}\right\} : x(S-x) \\ \text{d. i. } 2A.Bx : Ax.xC \end{array}\right\}$$

gegeben, wenn $AB=\frac{1}{2}d$, $AC=S$, $Ax=x$ gesetzt wird, mithin ist, verm. Apoll. de sect. det. Buch I. Aufg. 3. Fall 2., der Punkt x, somit Ax und das Dreieck gegeben.

Aufgabe 28.

Ein Dreieck zu beschreiben, in welchem der Winkel der Spitze einem gegebenen Winkel, die Summe der Grundlinie und Höhe der gegebenen geraden Linie S, das Verhältniſs der Schenkelsumme zu der Grundlinie dem gegebenen Verhältniſse $p:q$ gleich sey.

Analysis.

Bezeichnet man die Grundlinie mit x, also die Schenkelsumme mit $\frac{p}{q}x$, und die Höhe mit S—x, so ist verm. Dat. 76. das Verhältnifs

$$(\frac{p}{q}x)^2 - x^2 : \frac{x(S-x)}{2}$$

$$\left.\begin{array}{l}\text{also } (\frac{p}{q}x)^2 - x^2 : x(S-x) \\ \frac{p^2-q^2}{q^2}x : S-x\end{array}\right\} \text{gegeben}$$

$$\text{also auch } x : S-x$$

$$\text{folglich } x : S$$

somit die Grundlinie x und das ganze Dreieck gegeben.

Aufgabe 29.

Ein Dreieck zu beschreiben, in welchem der Winkel der Spitze einem gegebenen Winkel, die Summe der Grundlinie und Höhe der gegebenen geraden Linie S, das Verhältnifs der Schenkeldifferenz zur Grundlinie dem gegebenen Verhältnisse p : q gleich sey.

Analysis.

Bezeichnet man die Grundlinie mit x, also die Differenz der Schenkel mit $\frac{p}{q}x$, und die Höhe mit S—x, so ist verm. Dat. 76. Zus. das Verhältnifs

$$x^2 - (\frac{p}{q}x)^2 : \frac{x(S-x)}{2}$$

$$\left.\begin{array}{l}\text{also } x^2 - (\frac{p}{q}x)^2 : x(S-x) \\ \frac{q^2-p^2}{q^2}x : S-x\end{array}\right\} \text{gegeben}$$

folglich $x : S - x$

somit $x : S$

mithin die Grundlinie x, und das ganze Dreieck gegeben.

Aufgabe 30. (*Fig.* 22.)

Ein Dreieck zu beschreiben, in welchem der Winkel der Spitze dem gegebenen Winkel α, welcher $<R$, die Summe der Grundlinie und Höhe der gegebenen geraden Linie S, die Summe der Quadrate der Schenkelsumme und der Grundlinie dem Quadrate der gegebenen geraden Linie α gleich sey.

Analysis.

Bezeichnet man die Grundlinie mit x, also das Quadrat der Schenkelsumme mit $a^2 - x^2$, die Höhe mit $S - x$, so ist verm. Dat. 76. das Verhältniſs

$$a^2 - 2x^2 : x\frac{(S-x)}{2}$$

mithin $a^2 - 2x^2 : x(S - x)$

also auch $a^2 - 2x^2 : 2Sx - 2x^2$

folglich $a^2 - 2x^2 : a^2 - 2Sx$ gegeben.

Bestimmt man die gerade Linie h so, daſs

$$a^2 : h^2 = a^2 - 2x^2 : a^2 - 2Sx$$

so ist $2x^2 : \left\{ \begin{matrix} 2Sx - (a^2 - h^2) \\ 2S(x-k) \end{matrix} \right\} = a^2 - 2x^2 \; a^2 - 2Sx$ wenn $a^2 - h^2 = 2Sk$

$x^2 : S(x - k)$

d. i. $Ax^2 : S . Bx$ wenn $AB = k$, $Ax = x$ gesetzt wird;

also ist das Verhältniſs $Ax^2 : S.Bx$ gegeben; mithin ist

verm. Apoll. de sect. det. Buch I. Auf. 2. Fall 2. a. der Punkt x, somit Ax und das ganze Dreieck gegeben.

Construction.

Man mache $UDE = \alpha$, verlängere UD, nehme AD $= DE$, ziehe AE, mache $AFD = R$, $GF = FD$, $AK = a$, beschreibe über AF einen Halbkreis, nehme $AGH = R$, bezeichne mit H den Durchschnitt des Kreises und der Linie GH, ziehe FH, $KL \# TH$, mache $ML = a = LN$, ziehe durch A die gerade Linie $OT \# GH$, nehme AP $= S = PO = A\beta$, $ANB = AOM$, $VA = AG$, $FT \# PV$, TS $\# AF$, $ST = TA$, $RA = AB$, beschreibe über der geraden Linie RS einen Halbkreis, welcher der Linie AT in x begegne, beschreibe über Ax einen Kreisabschnitt, welcher des Winkels α fähig sey, mache $\beta xW = R$, WX $= x\beta$, $WC \# AB$, und ziehe den Punkt C, in welchem WC dem Kreisbogen über Ax begegnet, mit A, x zusammen, so ist $\triangle ACx$ das verlangte.

Determination.

Vermöge Apoll. de sect. det. Buch I. Aufg. 2. Fall 2. a. Det. mufs, damit der Kreis über RS derLinie AF begegne, seyn

$$\left.\begin{array}{r} \left.\begin{array}{r} VA \\ GA \end{array}\right\} : AF \\ AF - FD \end{array}\right\} \begin{array}{c} = \\ < \end{array} \left\{\begin{array}{c} PA \\ S \end{array}\right\} : 4AB$$

$$1 - \tan.\tfrac{1}{2}\alpha : 1$$

(Diesterwegs Trigonom Lehrs. 11. Zus. 2.)

Es ist $OA : AM = NA : AB$ (El. VI. 4.)

also $OA \cdot AB = \left\{\begin{array}{l} MA \cdot AN \text{ (El. VI. 16.)} \\ \left\{\begin{array}{c} ML^2 \\ a^2 \end{array}\right\} - LA^2 \text{ (El. II. 5.} \end{array}\right.$

$$\text{Ferner ist } \left.\begin{array}{l}KA^2\\a^2\end{array}\right\} : AL^2 = \left\{\begin{array}{l} FA^2 : AH^2 \quad (\text{El. VI. 2. 22.})\\ FA : \left\{\begin{array}{l}AG\\AF-FD\end{array}\right. (\text{El. VI. 20. Zus. 2.})\\ 1 : 1-\tan.\tfrac{1}{2}\alpha\end{array}\right.$$

$$\text{also } AL^2 = a^2(1-\tan.\tfrac{1}{2}\alpha)$$

$$\text{folglich } \left.\begin{array}{l}OA.AB\\2S.AB\end{array}\right\} = \left\{\begin{array}{l}a^2-a^2(1-\tan.\tfrac{1}{2}\alpha)\\a^2\tan.\tfrac{1}{2}\alpha\end{array}\right.$$

$$\text{mithin } AB = \frac{a^2\tan.\tfrac{1}{2}\alpha}{2S}$$

$$\text{demnach mufs seyn } 1-\tan.\tfrac{1}{2}\alpha : 1 \overset{=}{<} \left\{\begin{array}{l}S : \dfrac{2a^2\tan.\tfrac{1}{2}\alpha}{S}\\ S^2 : 2a^2\tan.\tfrac{1}{2}\alpha\end{array}\right.$$

$$\text{also } 1-\tan.\tfrac{1}{2}\alpha : \tfrac{1}{2}\cot.\tfrac{1}{2}\alpha \overset{=}{<} S^2 : a^2$$

$$\text{d. i. } \frac{\sqrt{2}\sin.(45^0-\tfrac{1}{2}\alpha)}{\cos.\tfrac{1}{1}\alpha} : \frac{\cot.\tfrac{1}{2}\alpha}{2} \overset{=}{<} S^2 : a^2$$

$$\text{folglich } 2\sqrt{2}.\sin.(45^0-\tfrac{1}{2}\alpha)\sin.\tfrac{1}{2}\alpha : \overline{\cos.\tfrac{1}{2}\alpha}^2 \overset{=}{<} S^2 : a^2.$$

Damit WC den über Ax beschriebenen Kreisbogen erreiche, mufs $\left.\begin{array}{r}Wx\\ \beta x\\ S-Ax\end{array}\right\} \overset{=}{<} YZ$ seyn, wenn YZ die Höhe des Kreisabschnittes über Ax bezeichnet.

$$\text{Es ist } \left.\begin{array}{r}VA\\GA\\AF-FD\end{array}\right\} : AF \left.\begin{array}{l}\\ \\ \\ 1-\tan.\tfrac{1}{2}\alpha : 1\end{array}\right\} = \left\{\begin{array}{l}PA\\S\end{array}\right\} : AT$$

$$\text{also } AT = \frac{S}{1-\tan.\tfrac{1}{2}\alpha}$$

$$\text{also } \left.\begin{matrix}BA\,.\,AT\\ Ax\,.\,xT\end{matrix}\right\} = \frac{a^2\tan.\frac{1}{2}\alpha}{2S}\cdot\frac{S}{1-\tan.\frac{1}{2}\alpha}$$

(Apoll. de sect. det. Lehns. B. pag. 7.)

$$\left.\begin{matrix}\frac{1}{4}AT^2\\ \frac{S^2}{4(1-\tan\frac{1}{2}\alpha)^2}\end{matrix}\right\} - \gamma x^2 = \frac{a^2\tan.\frac{1}{2}\alpha}{2(1-\tan.\frac{1}{2}\alpha}\text{, wenn } A\gamma = gT \text{ (El.II.5.)}$$

$$\text{folglich } \left.\begin{matrix}\frac{S2}{4(1-\tan.\frac{1}{2}\alpha)^2} - \frac{2a^2\tan.\frac{1}{2}\alpha(1-\tan.\frac{1}{2}\alpha)}{4(1-\tan.\frac{1}{2}\alpha^2}\\ \frac{S^2-2a^2\tan.\frac{1}{2}\alpha(1-\tan.\frac{1}{2}\alpha)}{4(1-\tan.\frac{1}{2}\alpha)^2}\end{matrix}\right\} = \gamma x^2$$

$$\text{mithin } \frac{\sqrt{S^2-2a^2\tan.\frac{1}{2}\alpha(1-\tan.\frac{1}{2}\alpha)}}{2(1-\tan.\frac{1}{2}\alpha)} = \gamma x$$

$$\text{demnach } Ax(=A\gamma-\gamma x) = \frac{S}{2(1-\tan.\frac{1}{2}\alpha)} - \frac{\sqrt{S^2-2a^2\tan.\frac{1}{2}\alpha(1-\tan.\frac{1}{2}\alpha)}}{2(1-\tan.\frac{1}{2}\alpha)}$$

$$= \frac{S-\sqrt{S^2-2a^2\tan.\frac{1}{2}(1-\tan.\frac{1}{2}\alpha)}}{2(1-\tan.\frac{1}{2}\alpha)}$$

$$\text{somit } \left.\begin{matrix}\frac{1}{2}Ax\\ Ay\end{matrix}\right\} = \frac{S-\sqrt{S^2-2a^2\tan.\frac{1}{2}\alpha(1-\tan.\frac{1}{2}\alpha)}}{4(1-\tan.\frac{1}{2}\alpha)}$$

Es ist $AY : YZ = \tan.\frac{1}{2}\alpha : 1$ (Diesterwegs Trigonom. Lehrs. 11. Zus. 2.)

$$\text{also } YZ = \frac{S-\sqrt{S^2-2a^2\tan.\frac{1}{2}\alpha(1-\tan.\frac{1}{2}\alpha)}}{4\tan.\frac{1}{2}\alpha(1-\tan.\frac{1}{2}\alpha)}$$

---

folglich mufs seyn

$$\left.\begin{array}{l} S-\dfrac{S-\sqrt{S^2-2a^2\tan.\frac{1}{2}\alpha(1-\tan.\frac{1}{2}\alpha)}}{2(1-\tan.\frac{1}{2}\alpha)} \\ \dfrac{2S-2S\tan.\frac{1}{2}\alpha-S+\sqrt{S^2-2a^2\tan.\frac{1}{2}\alpha(1-\tan.\frac{1}{2}\alpha)}}{2(1-\tan.\frac{1}{2}\alpha)} \\ \dfrac{S-2S\tan.\frac{1}{2}\alpha+\sqrt{S^2-2a^2\tan.\frac{1}{2}\alpha(1-\tan.\frac{1}{2}\alpha)}}{2(1-\tan.\frac{1}{2}\alpha)} \end{array}\right\}$$

$$\stackrel{=}{<}\frac{S-\sqrt{S^2-2a^2\tan.\frac{1}{2}\alpha(1-\tan.\frac{1}{2}\alpha)}}{4\tan.\frac{1}{2}\alpha(1-\tan.\frac{1}{2}\alpha)}$$

$$\text{mithin}\ (1+2\tan.\tfrac{1}{2}\alpha)\sqrt{S^2-2a^2\tan.\tfrac{1}{2}\alpha(1-\tan.\tfrac{1}{2}\alpha)}$$

$$\stackrel{=}{<}\left\{\begin{array}{l} S(1-2(1-2\tan.\frac{1}{2}\alpha)\tan.\frac{1}{2}\alpha) \\ S(4\overline{\tan.\frac{1}{2}\alpha}^2+1-2\tan.\frac{1}{2}\alpha) \end{array}\right.$$

$$\text{somit}\ (1+2\tan.\tfrac{1}{2}\alpha)^2(S^2-2a^2\tan.\tfrac{1}{2}\alpha)(1-\tan.\tfrac{1}{2}\alpha)$$

$$\stackrel{=}{<}S^2(4\overline{\tan.\tfrac{1}{2}\alpha}^2-2\tan.\tfrac{1}{2}\alpha+1)^2$$

$$\left.\begin{array}{l} \text{demnach}\ S^2((1+2\tan.\frac{1}{2}\alpha)^2-(4\overline{\tan.\frac{1}{2}\alpha}^2-2\tan.\frac{1}{2}\alpha+1)^2) \\ S^2(2+4\overline{\tan.\frac{1}{2}\alpha}^2)(4\tan.\frac{1}{2}\alpha-4\overline{\tan.\frac{1}{2}\alpha}^2) \\ 2S^2(1+2\overline{\tan.\frac{1}{2}\alpha}^2)(1-\tan.\frac{1}{2}\alpha)4\tan.\frac{1}{2}\alpha \end{array}\right\}$$

$$\stackrel{=}{<}2a^2\tan.\tfrac{1}{2}\alpha(1-\tan.\tfrac{1}{2}\alpha)(1+2\tan.\tfrac{1}{2}\alpha)^2$$

$$\text{folglich}\ 4S^2(1+2\overline{\tan.\tfrac{1}{2}\alpha}^2)\stackrel{=}{<}a^2(1+2\tan.\tfrac{1}{2}\alpha)^2$$

$$\text{mithin}\ 4S^2:a^2\stackrel{=}{<}(1+2\tan.\tfrac{1}{2}\alpha)^2:1+2\overline{\tan.\tfrac{1}{2}\alpha}^2$$

$$\text{somit}\ S^2:a^2\stackrel{=}{<}\left(\frac{1+2\tan.\frac{1}{2}\alpha}{2}\right)^2:1+2\overline{\tan.\tfrac{1}{2}\alpha}^2$$

Beweis.

Es ist $2\sqrt{2}\sin.(45^0 - \frac{1}{2}\alpha)\sin.\frac{1}{2}\alpha : \overline{\cos.\frac{1}{2}\alpha}^2 \overset{=}{<} S^2 : a^2$ (Det.) also berührt, oder schneidet der Kreis über RS die Linie AT.

Da $\left(\frac{1+2\tan.\frac{1}{2}\alpha}{2}\right)^2 : \overline{1+2\tan.\frac{1}{2}\alpha}^2 \overset{=}{>} S^2 : \alpha^2$ so berührt, oder schneidet die Linie WC den Kreis über Ax.

Ferner ist $Ax^2 : S.Bx$, $Ax^2 : S.(Ax - AB)$, $2Ax^2 : 2S.Ax - \left\{2S.AB,\ OA.AB,\ MA.AN,\ a^2 - LA^2\right\}$ $= \left\{FA : \{AV,\ AG\},\ FA^2 : AH^2,\ a^2 : AL^2\right\}$ (Apoll. de sect. det. Buch I, Aufg. 2. Fall 2. a. Bew.)

---

also $a^2 - 2Ax^2 : a^2 - 2S.Ax = FA : AG$

---

folglich

$a^2 - 2Ax^2 : 2S.Ax - 2Ax^2 = AF : FD$

---

mithin

$a - 2Ax^2 : \left\{S.Ax - Ax^2,\ Ax(S - Ax)\right\} = \left\{2AF : FD,\ 2IQ : QC\right.$, wenn $IW = Wx$, und $CQI = R$; $\left.(AC + Cx)^2 - Ax^2 : 2\triangle ACx\right\}$

---

somit $a^2 - 2Ax^2 = (AC + Cx)^2 - Ax^2$

---

demnach $a^2 = (AC + Cx)^2 + Ax^2$.

Da auch $ACx = \alpha$, $Ax + xW = Ax + x\beta = S$, so ist $\triangle ACx$ das verlangte.

Zusatz 1.

Es erhellet von selbst, dafs im Fall eines Durchschnittes den zweite Durchschnitt der Linie WC mit dem Kreisbogen über Ax ein zweites Dreieck mit den gegebenen Eigenschaften bestimmt.

Zusatz 2.

Der zweite Durchschnitt des Kreises über RS mit AT bestimmt ein Dreieck, in wechem der Ueberschufs der Grundlinie über die Höhe =S.

Aufgabe. 31. (*Fig.* 22.)

Ein Dreieck zu beschreiben, in welchem der Winkel der Spitze einem gegebenen Winkel, die Summe der Grundlinie und Höhe der gegebenen geraden Linie S, die Summe der Quadrate der Schenkeldifferenz und der Grundlinie dem Quadrate der gegebenen geraden Linie a gleich sey.

Analysis.

Bezeichnet man die Grundlinie mit x, also das Quadrat der Schenkeldifferenz mit a^2-x^2, und die Höhe mit $S-x$, so ist verm. Dat. 76. Zus. das Verhältnifs

$$\underline{2x^2-a^2 : \frac{x(S-x)}{2}}$$

mithin $\underline{2x^2-a^2 : x(S-x)}$

also auch $\underline{2x^2-a^2 : 2Sx-2x^2}$

folglich $\underline{2x^2-a^2 : 2Sx-a^2}$ gegeben.

Bestimmt man die gerade Linie h so, dafs

$$\underline{ax : h^2 = 2x^2-a^2 : 2Sx-a^2}$$

so ist $2x^2 : \left\{\begin{array}{l} 2Sx + \left\{\begin{array}{l} h^2 - a^2 \\ 2S.k \end{array}\right\} \\ 2S(x+k) \end{array}\right\} = 2x^2 - a^2 : 2Sx - a^2$ wenn $2Sk = h^2 - a^2$;

$x^2 : S(x+k)$

d. i. $Bx^2 : S.Ax$ wenn $AB = k$, $Bx = x$ gesetzt wird; folglich ist, verm. Apoll. de sect.det. Buch I. Aufg. 2. Fall, 2. der Punkt x, somit Bx und das Dreieck gegeben.

Aufgabe 32.

Ein Dreieck zu beschreiben, in welchem der Winkel der Spitze einem gegebenen Winkel, die Summe der Grundlinie und Höhe der gegebenen geraden Linie S, der Ueberschufs des Quadrates der Schenkelsumme über das Quadrat der Grundlinie dem Quadrate der gegebenen geraden Linie d gleich sey.

Analysis.

Bezeichnet man die Grundlinie mit x, also das Quadrat der Schenkelsumme mit $d^2 + x^2$ und die Höhe mit $S - x$, so ist verm. Dat 76. das Verhältnifs

$$\left.\begin{array}{c} d^2 + x^2 - x^2 \\ d^2 \end{array}\right\} : \frac{x(S-x)}{2}$$

also $d^2 : x(S-x)$ gegeben,

folglich ist $x(S-x)$ und da $x + S - x = S$, auch x (Dat. 56.), somit das Dreieck gegeben.

Aufgabe 33.

Ein Dreieck zu beschreiben, in welchem der Winkel der Spitze einem gegebenen Winkel, die Summe der Grundlinie und Höhe der gegebenen geraden Linie S, der Ueberschuſs des Quadrates der Grundlinie über das Quadrat der Schenkeldifferenz dem Quadrate der gegebenen geraden Linie d gleich sey.

Analysis.

Bezeichnet man die Grundlinie mit x, also das Quadrat der Schenkeldifferenz mit x^2-d^2, die Höhe mit $S-x$, so ist, verm. Dat. 76. Zus. das Verhältniſs

$$\left.\begin{array}{c} x^2-x^2+d^2 \\ d^2 \end{array}\right\} : \frac{x(S-x)}{2}$$

also $d^2:x(S-x)$ gegeben, folglich ist $x(S-x)$, und da $x+S-x=S$, die Linie x (Dat. 86.), somit das Dreieck gegeben.

Aufgabe 34. (*Fig.* 23.)

Ein Dreieck zu beschreiben, in welchem der Winkel der Spitze einem gegebenen Winkel, die Summe der Grundlinie und Höhe der gegebenen geraden Linie S, und die Summe der Quadrate der Schenkel dem Quadrate der gegebenen geraden Linie a gleich sey.

Analysis.

Bezeichnet man die Grundlinie mit x, also die Höhe mit $S-x$, so ist verm. Dat. 76. das Verhältniſs

$$a^2-x^2 : \frac{x(S-x)}{2}$$

$$\left.\begin{array}{r} \text{also } a^2-x^2 : x(S-x) \\ \text{d. i. } Ax.xC : Bx.xD \end{array}\right\}$$ gegeben wenn $AB = BC = a$, $Bx = x$, $CB = S$ gesetzt wird; also ist, verm.

Apoll. de sect. det. Buch II. Aufg. 2. Fall 2., der Punkt x, somit Bx und das ganze Dreieck gegeben.

Aufgabe 35. (*Fig.* 24.)

Ein Dreieck zu beschreiben, in welchem der Winkel der Spitze dem gegebenen Winkel α, welcher $>R$, die Summe der Grundlinie und Höhe der gegebenen geraden Linie S, die Summe der Quadrate aller Seiten dem Quadrate der gegebenen geraden Linie a gleich sey.

Analysis.

Bezeichnet man die Grundlinie mit x, also die Summe der Quadrate der Schenkel mit $a^2 - x^2$, die Höhe mit $S - x$, so ist, verm. Dat. 74.

$$\left.\begin{matrix} x^2 - a^2 + x^2 \\ 2x^2 - a^2 \end{matrix}\right\} : \frac{x(S-x)}{2}.$$

$$\text{also } 2x^2 - a^2 : x(S-x)$$

$$\text{folglich } 2x^2 - a^2 : 2Sx - 2x^2$$

$$\text{mithin } 2x^2 - a^2 : 2Sx - a^2$$

gegeben. Bestimmt man die gerade Linie h so, dafs

$$a^2 : h^2 = 2x^2 - a^2 : 2Sx - a^2$$

$$\left.\begin{matrix} \text{so ist } 2x^2 : \left\{\begin{matrix} 2Sx - a^2 + h^2 \\ 2S(x+k) \end{matrix}\right\} \text{ wenn } h^2 - a^2 = 2Sk; \\ x^2 : S(x+k) \\ \text{d. i. } Bx^2 : S \cdot Ax \end{matrix}\right\} \text{gegeben, wenn } AB = k;$$

$Bx = x$ gesetzt wird; demnach ist verm. Apoll. de sect. det. Buch I. Aufg. 2. Fall 2. b., der Punkt x, somit die gerade Linie Bx und das ganze Dreieck gegeben.

Construction.

Man mache DCT $=\alpha$, DEC $=$ R, FE $=$ ED, beschreibe über CF einen Halbkreis, dessen Umfang der Verlängerung von DE in G begegne, ziehe die gerade Linie CG, nehme BC $=$ a, BH # DE, verlängere BH bis zum Durchschnitt mit der verlängerten CG in H, mache MB $=$ BS $=$ ST $=$ S, ziehe die gerade Linie TH, errichte in H auf TH ein die verlängerte EB in A schneidendes Perpendikel, mache ABK $=$ R, QE $=$ EC, QL # BE, DK # BQ, LO # MK, BOP $=$ R, PO $=$ OB, NB $=$ BA, beschreibe über der geraden Linie PN einen Halbkreis, dessen Umfang die Verlängerung von AB in x schneide, und über der Linie Bx einen des Winkels α fähigen Kreisabschnitt, mache BxR $=$ R, Rx $=$ xS, RU # AB, und verbinde den Punkt U, in welchem RU mit dem Kreisbogen über Bx zusammentrifft, mit B, x durch gerade Linien, so ist $\triangle$BUx das verlangte.

Determination.

Damit RU mit dem über Bx beschriebenen Kreisbogen zusammentreffe, muſs, wenn By $=$ yx, Byz $=$ R, und z der Durchschnitt der Linie yz mit dem Bogen ist, seyn

$$\left.\begin{array}{r} RE \\ ES \\ S-Bx \end{array}\right\} \geqq yz.$$

$$\text{Es ist } \left.\begin{array}{r} KB:BL \\ DQ:QE \\ DE+EC:CE \\ 1+\cot.DCE:\cot.DCE \\ 1-\cot.\alpha:-\cot.\alpha \\ \cot.\alpha-1:\cot.\alpha \end{array}\right\} = \left\{\begin{array}{c} MB \\ S \end{array}\right\} : BO \text{ (El. VI. 4.)}$$

(Diesterwegs Trigon, Lehrs. 11. Zus. 2.)

$$\text{also } BO = \frac{S.\cot.\alpha}{\cot.\alpha - 1}$$

$$\text{Ferner ist } \left.\begin{array}{r} EC^2 : CG^2 \\ EC : CF \\ EC : CE + ED \\ \cot.\alpha : \cot.\alpha - 1 \end{array}\right\} = \left\{\begin{array}{c} BC^2 \\ a^2 \end{array}\right\} : CH^2 \quad \begin{array}{l} \text{(El. VI. 4.)} \\ \text{(El. VI. 20. Zus. 2.)} \end{array}$$

$$\text{folglich } CH^2 = \frac{(\cot.\alpha - 1)\alpha^2}{\cot.\alpha}$$

$$\text{mithin } \left.\begin{array}{r} CH^2 - CB^2 \\ BH^2 \\ \text{(El.VI.8.17.) } TB.BA \\ 2S.BA \end{array}\right\} \begin{array}{l} = \dfrac{a^2(\cot.\alpha - 1)}{\cot.\alpha} - a^2 \\ = \dfrac{a^2}{\cot.\alpha} \end{array}$$

$$\text{somit } AB = -\frac{a^2}{2S\cot.\alpha}$$

$$\text{demnach } \left.\begin{array}{r} AB.BO \\ NB.OP \\ Bx.xO \\ \gamma x^2 - \dfrac{BO^2}{4} \end{array}\right\} \begin{array}{l} = -\dfrac{a^2}{2S\cot.\alpha} \cdot \dfrac{S\cot.\alpha}{\cot.\alpha - 1} \\ = \dfrac{a^2}{2(1 - \cot.\alpha)}, \text{ wenn } B\gamma = \gamma O; \end{array}$$

das ist

$$\gamma x^2 - \left\{\begin{array}{c} \dfrac{S^2\overline{\cot.\alpha}^2}{4(\cot.\alpha - 1)^2} \\ \dfrac{S^2\overline{\cot.\alpha}^2}{4(1 - \cot.\alpha)^2} \end{array}\right\} \begin{array}{l} = \dfrac{a^2}{2(1 - \cot.\alpha)} \\ = \dfrac{2a^2(1 - \cot.\alpha)}{4(1 - \cot.\alpha)^2} \end{array}$$

$$\text{also } \gamma x = \frac{\sqrt{S^2\overline{\cot.\alpha}^2 + 2a^2(1 - \cot.\alpha)}}{2(1 - \cot.\alpha)}$$

folglich $Bx = \frac{8\cot.\alpha}{2(\cot.\alpha - 1)} + \frac{\sqrt{S^2\overline{\cot.\alpha}^2 + 2a^2(1 - \cot.\alpha)}}{2(1-\cot.\alpha)}$

$= \frac{\sqrt{S^2\overline{\cot.\alpha}^2 + 2a^2(1 - \cot.\alpha)} - S\cot.\alpha}{2(1-\cot.\alpha)}$

somit

$$\left.\begin{matrix}\frac{1}{2}Bx\\ By\end{matrix}\right\} = \frac{\sqrt{S^2\overline{\cot.\alpha}^2 + 2a^2(1-\cot.\alpha)} - S\cot.\alpha}{4(1-\cot.\alpha)}$$

Es ist $BY : YZ = 1 : \cot.\frac{1}{2}\alpha$ (Diesterwegs Trigonom. Lehrs. 11. Zus. 2.)

mithin $YZ = \frac{\cot.\frac{1}{2}\alpha}{4(1-\cot.\alpha)}\left(\sqrt{S^2\overline{\cot.\alpha}^2 + 2a^2(1-\cot.\alpha} - S.\cot.\alpha\right)$

demnach muſs seyn

$$\left.\begin{matrix}S - \frac{\sqrt{S^2\overline{\cot.\alpha}^2 + 2a^2(1-\cot.\alpha)} - S.\cot.\alpha}{2(1-\cot.\alpha)}\\ \frac{S(2-\cot.\alpha) - \sqrt{S^2\overline{\cot.\alpha}^2 + 2a^2(1-\cot.\alpha)}}{2(1-\cot.\alpha)}\end{matrix}\right\}$$

$$\overset{=}{<} \frac{\cot.\frac{1}{2}\alpha}{4(1-\cot.\alpha)}\left(\sqrt{S^2\overline{\cot.\alpha}^2 + 2a^2(1-\cot.\alpha)} - S\cot.\alpha\right)$$

also $2S(2-\cot.\alpha) - 2\sqrt{S^2\overline{\cot.\alpha}^2 + 2a^2(1-\cot.\alpha)}$

$\overset{=}{<} \cot.\frac{1}{2}\alpha\sqrt{S^2\overline{\cot.\alpha}^2 + 2a^2(1-\cot.\alpha)} - S\cot.\alpha.\cot.\frac{1}{2}\alpha)$

folglich $\left.\begin{matrix}S(4-2\cot.\alpha + \cot.\alpha.\cot.\frac{1}{2}\alpha)\\ S(4-\cot.\alpha(2-\cot.\frac{1}{2}\alpha))\end{matrix}\right\}$

$\overset{=}{<} (\cot.\frac{1}{2}\alpha + 2)\sqrt{S^2\overline{\cot.\alpha}^2 + 2\alpha^2(1-\cot.\alpha)}$

mithin $S^2(4-\cot.\alpha(2-\cot.\tfrac{1}{2}\alpha))^2$

$$\leqq (\cot.\tfrac{1}{2}\alpha+2)^2(S^2\overline{\cot.\alpha}^2+2a^2(1-\cot.\alpha))$$

---

somit $$\left.\begin{array}{l} S^2((4-\cot.\alpha)(2-\cot.\tfrac{1}{2}\alpha))^2-\overline{\cot.\alpha}^2(\cot\tfrac{1}{2}\alpha+2)^2 \\ 4S^2(4+2\cot.\alpha.\cot.\tfrac{1}{2}\alpha)(1-\cot.\alpha) \end{array}\right\}$$

$$\leqq 2a^2(1-\cot.\alpha)(\cot.\tfrac{1}{2}\alpha+2)^2$$

---

also $4S^2(2+\cot.\alpha.\cot.\tfrac{1}{2}\alpha)\leqq a^2(2+\cot.\tfrac{1}{2}\alpha)^2$

---

folglich $$S^2:a^2 \leqq \left\{\begin{array}{l} (2+\cot.\tfrac{1}{2}\alpha)^2:4(2+\cot.\alpha.\cot.\tfrac{1}{2}\alpha) \\ \left(\dfrac{2+\cot.\tfrac{1}{2}\alpha}{2}\right)^2:2+\cot.\alpha.\cot.\tfrac{1}{2}\alpha \\ (1+\tfrac{1}{2}\cot.\tfrac{1}{2}\alpha)^2:2+\cot.\alpha.\cot.\tfrac{1}{2}\alpha. \end{array}\right.$$

Beweis.

Es ist $S^2:a^2\leqq(+\tfrac{1}{2}\cot.\tfrac{1}{2}\alpha)^2:2+\cot.\alpha\cot.\tfrac{1}{2}\alpha$, also erreicht die Linie BU den Kreisbogen über Bx.

Ferner ist $S.Ax:Bx^2=KB:BL$ (Apoll. de sect. det. B. I A. 2. F. 2. L. Bew.)

$$\begin{array}{l} \text{also } Bx^2:S.(AB+Bx) \\ 2Bx^2:\left\{\begin{array}{c} 2S.AB \\ BH^2 \\ HC^2-\left\{\begin{array}{c} CB^2 \\ a^2 \end{array}\right. \end{array}\right\}+2S.Bx \end{array} = \left\{\begin{array}{l} LB:BK \\ EQ:QD \\ EC:CF \\ EC^2:CG^2 \\ \quad a^2:CH^2 \end{array}\right.$$

---

folglich $2Bx^2-a^2:2S.Bx-a^2=EC:CF$

mithin $2Bx^2-a^2:2S.Bx-2Bx^2=CE:\left\{\begin{array}{l} EF \\ ED \end{array}\right.$

---

somit $2Bx^2-a^2:\dfrac{(S-Bx)Bx}{2}=4CE:ED$

$=4UW:Wx$, wenn $xWU=R$;

$=Bx^2-(BU^2+Ux^2):\triangle BUx$ (Dat. 47.)

demnach $2Bx^2 - a2 = Bx^2 - (BU^2 + Ux^2)$

also $Bx^2 + Ux^2 + BU^2 = a^2$

Da auch $BUx = \alpha$, $Bx + xR = Bx + xS = S$, so ist $\triangle BUx$ das verlangte.

Zusatz 1.

Es erhellet von selbst, daſs es im Fall eines Durchschnittes zwey Dreiecke mit den gegebenen Eigenschaften giebt.

Zusatz 2.

Der zweite Durchschnitt des Kreises über PN mit AC bestimmt ein Dreieck mit einer verwandten Eigenschaft.

Aufgabe. 36.

Ein Dreieck zu beschreiben, in welchem der Winkel der Spitze einem gegebenen Winkel, die Summe der einschlieſsenden Seiten der gegebenen geraden Linie S, der Flächenraum dem Quadrate der gegebenen geraden Linie a gleich sey.

Analysis.

Bezeichnet man die Grundlinie mit x, so ist vermöge Dat. 76. das Verhältniſs $S^2 - x^2 : a^2$ gegeben, also $S^2 - x^2$, folglich x^2, somit x und das ganze Dreieck gegeben.

Aufgabe 37.

Ein Dreieck zu beschreiben, in welchem der Winkel der Spitze einem gegebenen Winkel, die Summe der Grundlinie und Höhe der gegebenen geraden Linie S, und der Ueberschufs der Summe der Quadrate der Schenkel über das Quadrat der Grundlinie, oder der Ueberschufs des Quadrates der Grundlinie über die Summe der Quadrate der Schenkel (je nachdem der gegebene Winkel $\gtrless R$) dem Quadrate der gegebenen geraden Linie d gleich sey.

Analysis.

Bezeichnet man die Grundlinie mit x, also die Höhe mit S—x, so ist vermöge Dat. 74. oder 75. das Verhältnifs $d^2 : \frac{x(S-x)}{2}$ gegeben, also x(S—x), und da x+S—x=S gegeben ist, x, somit das Dreieck gegeben.

Aufgabe 38.

Ein Dreieck zu beschreiben, in welchem der Winkel der Spitze einem gegebenen Winkel, die Summe der Grundlinie und Höhe der gegebenen geraden Linie S, und das Verhältnifs der Summe der Quadrate der Schenkel zu dem Quadrate der Grundlinie dem gegebenen Verhältnifse p:q gleich sey.

Analysis.

Bezeichnet man die Grundlinie mit x, also die Summe der Quadrate der Schenkel mit $\frac{p}{q}x^2$, und die Höhe mit S—x, so ist vermöge Dat 74. das Verhältnifs $\frac{p}{q}x^2 - x^2 : \frac{x(S-x)}{2}$, oder vermöge Dat. 75. das Verhältnifs $x^2 - \frac{p}{q}x^2 : \frac{x(S-x)}{2}$ gegeben, je nachdem der gegebene Winkel $\gtrless R$, und also auch $p \lessgtr q$ ist.

Folglich ist $\frac{p-q}{q}x : S-x$, oder $\frac{q-p}{q}x : S-x$

mithin $x : S-x$

somit $x : S$, also x und das ganze Dreieck gegeben.

Anmerkung.

Setzt man in den vorhergehenden 17 Aufgaben Differenz der Grundlinie und Höhe statt Summe der Grundlinie und Höhe, so erhält man eben so viele verwandte Aufgaben, welche sich auf ähnliche Weise behandeln lassen.

Aufgabe 39. (*Fig.* 25.)

Ein Dreieck zu beschreiben, in welchem der Winkel der Spitze dem gegebenen Winkel α, die Summe der einschliefsenden Seiten der gegebenen geraden Linie S, das Perpendikel von der Spitze auf die Grundlinie der gegebenen geraden Linie h gleich sey.

Analysis.

Bezeichnet man die Grundlinie mit x, so ist verm. Dat. 76. das Verhältnifs $S^2-x^2 : hx$ d. i. $Ax . xC : h . Bx$ gegeben, wenn $AB=BC=S$, $Bx=x$ gesetzt wird, folglich ist, verm. Apoll. de sect. det. Buch I. Aufg. 3. Fall 2., der Punkt x, somit Bx und das ganze Dreieck gegeben.

Construction.

Man mache $UPH=\alpha$, $HP=PK$, ziehe die gerade Linie HK, mache $PAK=R$, verlängere PA um die gerade Linie $QA=2AK$, mache $AB=BC=S$, $AD=h$, $QE \# DP$, bezeichne den Durchschnitt der Linien QE,

AC mit E, nehme AEF=R=ECG auf verschiedenen Seiten von EC, ziehe die gerade Linie FG, beschreibe über derselben einen Halbkreis, dessen Umfang der Linie BA in x begegne, beschreibe über der Linie Bx einen Kreisabschnitt, welcher des Winkels α fähig ist, nehme LA=AD, LM#AB, und verknüpfe den Durchschnitt der Linie LM und des über Bx liegenden Kreisbogens mit B, x durch die geraden Linien BM, Mx, so ist $\triangle$BMx das verlangte.

Determination.

Damit LM den über Bx liegenden Kreisbogen erreiche, mufs, wenn BT=Tx, BTZ=R gemacht, und der Durchschnitt der Linie TZ mit dem Bogen auch Z bezeichnet wird, seyn $\left.\begin{matrix}AL\\h\end{matrix}\right\} \overset{=}{<} TZ.$

$$\text{Es ist } \left.\begin{matrix}PA:AQ\\PA:2AK\\1:2\cot.\tfrac{1}{2}\alpha\end{matrix}\right\} = \left\{\begin{matrix}DA\\h\end{matrix}\right\} : AE \text{ (El. VI. 4.)}$$

(Diest. Trig. Lehrs. 11. Zus. 2.)

$$\text{also } AE=2h\cot.\tfrac{1}{2}\alpha.$$

$$\text{Ferner ist } \left.\begin{matrix}Cx.xE\\Vx^2-VE^2\\Vx^2-\left(\frac{CA-AE}{2}\right)^2\\Vx^2-\left(\frac{2S-2h\cot.\frac{1}{2}\alpha}{2}\right)^2\\Vx^2-(S-h\cot.\tfrac{1}{2}\alpha)^2\end{matrix}\right\} \begin{matrix}=EF.CG \text{ (Apoll. de sect. det. Lehns. A. p. 5.)}\\=AE.CB, \text{ wenn } EV=VC \text{ (El. II. 6.);}\\=2hS\cot.\tfrac{1}{2}\alpha\\ \\ \end{matrix}$$

$$\text{also } Vx^2=2hS\cot.\tfrac{1}{2}\alpha+S_2-2hS\cot.\tfrac{1}{2}\alpha+h^2\overline{\cot.\tfrac{1}{2}\alpha}^2$$
$$=S^2+h^2\overline{\cot.\tfrac{1}{2}\alpha}^2$$

$$\text{folglich } Cx=\sqrt{S^2+h^2\overline{\cot.\tfrac{1}{2}\alpha}^2}+S-h\cot.\tfrac{1}{2}\alpha$$

demnach $Bx = \sqrt{S^2 + h^2\overline{\cot.\tfrac{1}{2}\alpha}^2} - h\cot.\tfrac{1}{2}\alpha$

somit $BT = \tfrac{1}{2}\sqrt{S^2 + h^2\overline{\cot.\tfrac{1}{2}\alpha}^2} - \tfrac{1}{2}h\cot.\tfrac{1}{2}\alpha$

Es ist aber $BT : TZ = 1 : \cot.\tfrac{1}{2}\alpha$

also ist $\tfrac{1}{2}\sqrt{S^2 + h^2\overline{\cot.\tfrac{1}{2}\alpha}^2} - \tfrac{1}{2}h\cot.\tfrac{1}{2}\alpha : TZ = 1 : \cot.\tfrac{1}{2}\alpha$

folglich muſs seyn'

$$\tfrac{1}{2}\sqrt{S^2 + h^2\overline{\cot.\tfrac{1}{2}\alpha}^2} - \tfrac{1}{2}h\cot.\tfrac{1}{2}\alpha : h \overset{=}{>} 1 : \cot.\tfrac{1}{2}\alpha$$

mithin $h \overset{=}{<} \tfrac{1}{2}\cot.\tfrac{1}{2}\alpha\left(\sqrt{S^2 + h^2\overline{\cot.\tfrac{1}{2}\alpha}^2} - h\cot.\tfrac{1}{2}\alpha\right)$

somit $(2 + \overline{\cot.\tfrac{1}{2}\alpha}^2)h \overset{=}{<} \cot.\tfrac{1}{2}\alpha\sqrt{S^2 + h^2\overline{\cot.\tfrac{1}{2}\alpha}^2}$

also $h^2(4 + 4\overline{\cot.\tfrac{1}{2}\alpha}^2 + \overline{\cot.\tfrac{1}{2}\alpha}^4) \overset{=}{<} \overline{\cot.\tfrac{1}{2}\alpha}^2(S^2 + h^2\overline{\cot.\tfrac{1}{2}\alpha}^2)$

folglich $\left.\begin{matrix} 4h^2(1 + \overline{\cot.\tfrac{1}{2}\alpha}^2) \\ 4h^2\overline{\mathrm{cosec}.\tfrac{1}{2}\alpha}^2 \end{matrix}\right\} \overset{=}{<} S^2\overline{\cot.\tfrac{1}{2}\alpha}^2$

mithin $2h\,\mathrm{cosec}.\tfrac{1}{2}\alpha \overset{=}{<} S\cot.\tfrac{1}{2}\alpha$

somit $2h \overset{=}{<} S\cos.\tfrac{1}{2}\alpha$

demnach $h : S \overset{=}{<} \cos.\tfrac{1}{2}\alpha : 2$

Beweis.

Es ist $h : S \overset{=}{<} \cos.\tfrac{1}{2}\alpha : 2$

also $2h \overset{=}{<} S\cos.\tfrac{1}{2}\alpha$

folglich $2h\,\text{cosec.}\tfrac{1}{2}\alpha \overset{=}{<} S\cot.\tfrac{1}{2}\alpha$

$$\text{mithin}\ \left.\begin{array}{l}4h^2\overline{\text{cosec.}\tfrac{1}{2}\alpha}^2\\ 4h^2(1+\overline{\cot.\tfrac{1}{2}\alpha}^2)\end{array}\right\}\overset{=}{>} S^2\overline{\cot.\tfrac{1}{2}\alpha}^2$$

$$\text{somit}\ \left.\begin{array}{l}4h^2(1+\overline{\cot.\tfrac{1}{2}\alpha}^2)+h^2\overline{\cot.\tfrac{1}{2}\alpha}^4\\ h^2(4+4\overline{\cot.\tfrac{1}{2}\alpha}^2+\overline{\cot.\tfrac{1}{2}\alpha}^4)\end{array}\right\}\overset{=}{<}\overline{\cot.\tfrac{1}{2}\alpha}^2(S^2+h^2\overline{\cot.\tfrac{1}{2}\alpha}^2)$$

demnach $h(2+\overline{\cot.\tfrac{1}{2}\alpha}^2)\overset{=}{<}\cot.\tfrac{1}{2}\alpha\sqrt{S^2+h^2\overline{\cot.\tfrac{1}{2}\alpha}^2}$

also $h(1+\tfrac{1}{2}\overline{\cot.\tfrac{1}{2}\alpha}^2)\overset{=}{<}\tfrac{1}{2}\cot.\tfrac{1}{2}\alpha\sqrt{S^2+h^2\overline{\cot.\tfrac{1}{2}\alpha}^2}$

folglich $h\overset{=}{<}\tfrac{1}{2}\cot.\tfrac{1}{2}\alpha(\sqrt{S^2+h^2\overline{\cot.\tfrac{1}{2}\alpha}^2}-h\cot.\tfrac{1}{2}\alpha)$

$$\text{mithin}\ \tfrac{1}{2}\sqrt{S^2+h^2\overline{\cot.\tfrac{1}{2}\alpha}^2}-\tfrac{1}{2}h\cot.\tfrac{1}{2}\alpha : h \;\overset{=}{>}\left\{\begin{array}{l}1:\cot.\tfrac{1}{2}\alpha\\ \tfrac{1}{2}\sqrt{S^2+h^2\overline{\cot.\tfrac{1}{2}\alpha}^2}-\tfrac{1}{2}h\cot.\tfrac{1}{2}\alpha : TZ\ \text{(Det.)}\end{array}\right.$$

somit $h\overset{=}{<}TZ$

demnach berührt, oder schneidet die Linie LM den Kreis.

Ferner schneidet, verm. Apoll. de sect. det. Buch I. Aufg. 3. Fall 2., der Kreis über GF die gerade Linie DC zwischen den Punkten A, B so, dafs

$$h.Bx:\left\{\begin{array}{c}Ax.xC\\ \left\{\begin{array}{c}AB^2\\ S^2\end{array}\right\}-Bx^2\end{array}\right\}=PA:\left\{\begin{array}{l}AQ\\ 2AK\end{array}\right.\ \text{(El. II. 5.)}$$

$=MW:2WY$, wenn $WM=MB$, und $MWB=R$;

$$=\left\{\begin{array}{c}2\triangle BMx\\ h.Bx\end{array}\right\}:(xM+MB)^2-Bx^2\ \text{(Dat. 76.)}$$

also $S^2 - Bx^2 = (xM + MB)^2 - Bx^2$

folglich $S = xM + MB$.

Da auch $BMx = \alpha$, $MS = \left\{\begin{matrix} AL \\ h \end{matrix}\right.$, wenn $MSB = R$;

so ist $\triangle BMx$ das verlangte.

Zusatz.

Es erhellet von selbst, daſs es im Fall der Berührung nur ein Dreieck, im Fall des Schneidens zwey Dreiecke mit der gegebenen Eigenschaft giebt.

Aufgabe 40.

Ein Dreieck zu beschreiben, in welchem der Winkel der Spitze einem gegebenen Winkel, die Summe der einschlieſsenden Seiten der gegebenen geraden Linie S, der Radius des in das Dreieck zu beschreibenden Kreises der gegebenen geraden Linie r gleich sey.

Analysis.

Bezeichnet man die Grundlinie mit x, also den Umfang mit S+x, so ist verm. Dat. 76. das Verhältniſs

$$S^2 - x^2 : \frac{r(S+x)}{2}$$

$$\left.\begin{matrix} \text{also } S^2 - x^2 : r(S+x) \\ S - x : r \end{matrix}\right\} \text{gegeben,}$$

folglich S—x, somit x und das ganze Dreieck gegeben.

Aufgabe 41.

Ein Dreieck zu beschreiben, in welchem der Winkel der Spitze einem gegebenen schiefen Winkel, die Summe der einschlieſsenden Seiten der gegebenen geraden Linie S, der Unterschied der Summe der Quadrate der Seiten und des Quadrates der Grundlinie dem Quadrate der gegebenen geraden Linie d gleich sey.

Analysis.

Bezeichnet man das Dreieck mit D, die Grundlinie mit x, also die Summe der Quadrate der Seiten mit $x^2 \mp d^2$, je nachdem nämlich der gegebene Winkel $\gtrless$ R, so ist entweder vermöge Dat. 74. $\left.\begin{matrix}x^2+d^2-x^2\\ d^2\end{matrix}\right\} : D$, oder verm. Dat. 75. $\left.\begin{matrix}x^2-x^2+d^2\\ d^2\end{matrix}\right\} : D$ gegeben.

Da (Dat. 62.) auch das Verhältniſs des Rechteckes der Schenkel zu D gegeben ist, so ist das Verhältniſs von d^2 zu dem Rechtecke der Schenkel, also das Rechteck der Schenkel selbst gegeben (Dat. 2.). Da auch die Summe der Schenkel gegeben ist, so sind (Dat. 86.) die Schenkel selbst, also ist das Dreieck gegeben.

Anmerkung.

Setzt man in den vier vorstehenden Aufgaben statt Summe der einschlieſsenden Seiten die Differenz derselben, so bilden sich eben so viele andere auf ähnliche Weise zu behandelnde Aufgaben.

Aufgabe 42.

Ein Dreieck zu beschreiben, in welchem der Winkel der Spitze einem gegebenen Winkel, das Rechteck der einschlieſsenden Seiten dem Quadrate der gegebenen geraden Linie a, der Umfang der gegebenen geraden Linie U gleich sey.

Analysis.

Bezeichnet man die Grundlinie mit x, also die Schenkelsumme mit U-x, das Dreieck mit D, so ist das Verhältnifs $(U-x)^2-x^2:D$ gegeben (Dat. 76.). Da auch das Verhältnifs $D:a^2$ gegeben ist (Dat. 62.), so ist das Verhältnifs $\left.\begin{matrix}(U-x)^2-x^2\\ U(U-2x\end{matrix}\right\}:a^2$, also U(U—2x), folglich U—2x, mithin x, somit das Dreieck gegeben.

Anmerkung.

Durch diese Aufgabe findet auch die andere ihre Erledigung: aus der Spitze eines der Lage nach gegebenen Winkels, dessen Schenkel in gegebenen Punkten von einem Kreise berührt werden, als Mittelpunkt einen Kreis beschreiben, so dafs eine beiden Kreisen gemeinschaftliche Tangente Segmente auf den Schenkeln jenes Winkels abschneide, welche ein der Gröfse nach gegebenes Rechteck einschliefsen.

Aufgabe 43.

Ein Dreieck zu beschreiben, in welchem der Winkel der Spitze einem gegebenen Winkel, das Rechteck der einschliefsenden Seiten dem Quadrate der gegebenen geraden Linie a, der Ueberschufs der Schenkelsumme über die Grundlinie der gegebenen geraden Linie d gleich sey.

Analysis.

Bezeichnet man die Grundlinie mit x, also die Schenkelsumme mit x+d, das Dreieck mit D, so ist vermöge Dat. 76. das Verhältnifs $(x+d)^2-x^2:D$ gegeben. Da auch vermöge Dat. 62. das Verhältnifs $D:a^2$ gegeben, so ist das Verhältnifs $\left.\begin{matrix}(x+d)^2-x^2\\(2x+d)d\end{matrix}\right\}: a^2$ gegeben

also $(2x+d)d$ (Dat. 2.)

folglich $2x+d$ (Dat. 2.)

mithin x, somit das Dreieck gegeben.

Aufgabe 44.

Ein Dreieck zu beschreiben, in welchem der Winkel der Spitze einem gegebenen Winkel, das Rechteck der einschliefsenden Seiten dem Quadrate der gegebenen geraden Linie a, das Verhältnifs der Schenkelsumme zur Grundlinie dem gegebenen Verhältnifse $p:q$ gleich sey.

Analysis.

Bezeichnet man die Grundlinie mit x, also die Schenkelsumme mit $\frac{p}{q}x$, das Dreieck mit D, so ist vermöge Dat. 76. das Verhältnifs $(\frac{p}{q}x)^2-x^2 : D$ gegeben. Da verm. Dat. 62. das Verhältnifs $D : a^2$ gegeben ist, so ist

$$\left.\begin{matrix}(\frac{p}{q}x)^2-x^2\\ \frac{p^2-q^2}{q^2}x^2\end{matrix}\right\} : a^2$$

also auch $x^2 : a^2$

folglich x, somit das Dreieck gegeben.

Aufgabe. 45.

Ein Dreieck zu beschreiben, in welchem der Winkel der Spitze einem gegebenen Winkel, das Rechteck der einschliefsenden Seiten dem Quadrate der gegebenen geraden Linie a, das Rechteck der Schenkelsumme und Grundlinie dem Quadrate der gegebenen geraden Linie b gleich sey.

Analysis.

Bezeichnet man die Grundlinie mit x, die Schenkelsumme mit y, das Dreieck mit D, so ist vermöge Dat. 76. das Verhältnifs $y^2 - x^2 : D$ gegeben. Da verm. Dat. 62. das Verhältnifs $D : a^2$ gegeben ist, so ist das

---

Verhältnifs $y^2 - x^2 : a^2$

---

folglich $y^2 - x^2$ gegeben. Da auch $xy = b^2$, so ist die Aufgabe auf die andere reducirt: die Seiten eines Rechteckes zu finden, wovon der Flächenraum, und der Unterschied der Quadrate der Seiten gegeben ist, welche sich nach Dat. 87. auflösen läfst.

Aufgabe 46.

Ein Dreieck zu beschreiben, in welchem der Winkel der Spitze einem gegebenen Winkel, das Rechteck der Schenkel dem Quadrate der gegebenen geraden Linie a, die Summe der Grundlinie und Schenkeldifferenz der gegebenen geraden Linie S gleich sey.

Analysis.

Bezeichnet man die Grundlinie mit x, also die Schenkeldifferenz mit S—x, das Dreieck mit D, so ist vermöge Dat. 76. das Verhältnifs $x^2 - (S - x)^2 : D$ gegeben Da verm. Dat. 62. auch das Verhältnifs $D : a^2$

$$\text{also } \left.\begin{matrix} x^2 - (S-x)^2 \\ (2x - S)S \end{matrix}\right\} : a^2$$

---

folglich (2x—S)S gegeben ist, so ist (Dat. 2.) 2x—S, somit x und das ganze Dreieck gegeben.

Aufgabe 47.

Ein Dreieck zu beschreiben, in welchem der Winkel der Spitze einem gegebenen Winkel, das Rechteck der Schenkel dem Quadrate der gegebenen geraden Linie a, der Ueberschufs der Grundlinie über die Schenkeldifferenz der gegebenen geraden Linie d gleich sey.

Analysis.

Bezeichnet man die Grundlinie mit x, also die Schenkeldifferenz mit x—d, so ist, wenn das Dreieck mit D bezeichnet wird, verm. Dat. 76. Zus., das Verhältnifs $x^2-(x-d)^2 : D$ gleich einem gegebenen Verhältnifse. Da auch das Verhältnifs $D : a^2$ gegeben ist (Dat. 62.), so ist das Verhältnifs $x^2-(x-d)^2 : a^2$ gegeben
$d(2x-d)$

also ist $d(2x-d)$

folglich 2x—d, mithin x, somit das Dreieck gegeben.

Aufgabe 48.

Ein Dreieck zu beschreiben, in welchem der Winkel der Spitze einem gegebenen Winkel, das Rechteck der Schenkel dem Quadrate der gegebenen geraden Linie a, das Verhältnifs der Schenkeldifferenz zur Grundlinie dem gegebenen Verhältnifse p : q gleich sey.

Analysis.

Bezeichnet man die Grundlinie mit x, also die Schenkeldifferenz mit $\frac{p}{q}x$, das Dreieck mit D, so ist verm. Dat. 76. Zus. das Verhältniſs $x^2 - (\frac{p}{q}x)^2 : D$ gegeben. Da verm. Dat. 62. das Verhältniſs $D : a^2$ gegeben ist,

$$\text{so ist } \left.\begin{matrix} x^2 - (\frac{p}{q}x)^2 \\ \frac{q^2 - p^2}{q^2} x^2 \end{matrix}\right\} : a^2 \text{ (Dat. 9.)}$$

also auch $x : a^2$

somit x und das ganze Dreieck gegeben.

Aufgabe 49.

Ein Dreieck zu beschreiben, in welchem der Winkel der Spitze einem gegebenen Winkel, das Rechteck der Schenkel dem Quadrate der gegebenen geraden Linie a, das Rechteck aus der Schenkeldifferenz und der Grundlinie dem Quadrate der gegebenen geraden Linie b gleich sey.

Analysis.

Bezeichnet man die Grundlinie mit x, die Schenkeldifferenz mit d, das Dreieck mit D, so ist verm. Dat. 76. Zus. das Verhältniſs $x^2 - d^2 : D$ gegeben. Da verm. Dat. 62. das Verhältniſs $D : a^2$ gegeben ist, so ist $x^2 - d^2 : a^2$ gegeben, also ist $x^2 - d^2$ gegeben.

Da $dx = b^2$, so ist die Aufgabe auf die andere reducirt: die Seiten eines Rechteckes zu finden, von welchen der Flächenraum, und der Unterschied der Quadrate der einen Winkel einschlieſsenden Seiten gegeben st, welche Aufgabe sich nach Dat. 87. auflösen läſst.

Aufgabe 50.

Ein Dreieck zu beschreiben, in welchem der Winkel der Spitze einem gegebenen Winkel, das Rechteck der Schenkel dem Quadrate der gegebenen geraden Linie a, die Summe der Quadrate aller Seiten dem Quadrate ger gegebenen geraden Linie S gleich sey.

Analysis.

Bezeichnet man die Grundlinie mit x, also die Summe der Quadrate der Schenkel mit $S^2 - x^2$, das Dreieck mit D, so ist, wenn der gegebene Winkel > R, das Verhältnifs $S^2 - 2x^2 : D$ gegeben. Da auch (Dat. 62.) das Verhältnifs $D : a^2$ gegeben ist, so ist $S^2 - 2x^2 : a^2$, also $S^2 - 2x^2$, somit x und das ganze Dreieck gegeben.

Wenn der gegebene Winkel <R, so ist verm. Dat. 75. das Verhältnifs $2x^2 - S^2 : D$ gegeben. Da auch das Verhältnifs $D : a^2$ gegeben ist (Dat. 62.), so ist $2x^2 - S^2 : a^2$ folglich $2x^2 - S^2$ mithin x, somit das Dreieck gegeben.

Aufgabe 51.

Ein Dreieck zu beschreiben, in welchem der Winkel der Spitze einem gegebenem Winkel, das Rechteck der Schenkel dem Quadrate der gegebenen geraden Linie a, das Verhältnifs der Summe der Quadrate der Schenkel zu dem Quadrate der Grundlinie dem gegebenen Verhältnifs p : q gleich sey.

Analysis.

Bezeichnet man die Grundlinie mit x, also die Summe der Quadrate der Schenkel mit $\frac{p}{q}x^2$, das Dreieck mit

D, so ist, je nachdem der gegebene Winkel $\gtrless$ R, verm. Dat. 74. oder 75., das Verhältnifs

$$\left.\begin{matrix}\frac{p}{q}x^2 - x^2 \\ \frac{p-q}{q}x^2\end{matrix}\right\} : D, \text{ oder } \left.\begin{matrix}x^2 - \frac{p}{q}x^2 \\ \frac{q-p}{q}x^2\end{matrix}\right\} : D \text{ gegeben.}$$

Da das Verhältnifs $D : a^2$ gegeben ist (Dat. 62.), so ist

$$\frac{p-q}{q}x^2 : a^2, \text{ oder } \frac{q-p}{q}x^2 : a^2$$

also in beiden Fällen $x^2 : a^2$, somit x und das ganze Dreieck gegeben.

Anmerkung.

Wenn ein Dreieck beschrieben werden soll, von welchem ausser dem Winkel der Spitze der Ueberschufs des Quadrates der Schenkelsumme über das Quadrat der Grundlinie, oder der Ueberschufs des Quadrates der Grundlinie über das Quadrat der Schenkeldifferenz, oder der Ueberschufs der Summe der Quadrate der Schenkel über das Quadrat der Grundlinie, oder der Ueberschufs des Quadrates der Grundlinie über das Quadrat der Schenkeldifferenz, und überdiefs die Summe, oder der Unterschied der Schenkel, oder die Summe, oder der Unterschied der Quadrate derselben, gegeben sey, so geben die Sätze 74. 75. 76. der Data Mittel zu den Auflösungen an die Hand.

Aufgabe 52.

Ein Dreieck zu beschreiben, in welchem der Winkel der Spitze einem gegebenen Winkel, die Höhe der gegebenen geraden Linie h, das Rechteck der Schenkel dem Quadrate der gegebenen geraden Linie a gleich sey.

Analysis.

Bezeichnet man die Grundlinie mit x, so ist verm. Dat. 62. das Verhältnifs $a^2 : hx$ gegeben, also hx, somit x und das ganze Dreieck gegeben.

Aufgabe 53. (*Fig.* 26.)

Ein Dreieck zu beschreiben, in welchem der Winkel der Spitze einem gegebenen Winkel, die Höhe der gegebenen geraden Linie h, die Summe der Quadrate der den gegebenen Winkel einschliefsenden Seiten dem Quadrate der gegebenen geraden Linie a gleich sey.

Analysis.

Bezeichnet man die Grundlinie mit x, so ist, wenn der gegebene Winkel $>R$ (Dat. 74.) das Verhästnifs

$$\left.\begin{matrix} x^2 - a^2 : hx \\ \text{d. i. (Fig. 26. a.) } Ax . xC : h . Bx \end{matrix}\right\}$$

gegeben, wenn $AB = BC = a$, $Bx = x$ gesetzt wird, also ist, vermöge Apoll. de sect. det. Buch I. Aufg. 4. Fall 2., der Punkt x, mithin Bx, somit das Dreieck gegeben. Wenn der gegebene Winkel $<R$, so ist (Dat. 75.) das Verhältnifs

$$\left.\begin{matrix} a^2 - x^2 : hx \\ \text{d. i. (Fig. 26. b.) } Ax . xC : h . Bx \end{matrix}\right\}$$

gegeben, wenn $AB = BC = a$, $Bx = x$ gesetzt wird, also ist, verm. Apoll. de sect. det. Buch I. Aufg. 3. Fall 2., der Punkt x, folglich die Linie Bx, somit das Dreieck gegeben.

Aufgabe 54.

Ein Dreieck zu beschreiben, in welchem der Winkel der Spitze einem gegebenen Winkel, die Höhe der gegebenen geraden Linie h, der Umfang der gegebenen geraden Linie U gleich sey.

Analysis.

Bezeichnet man die Grundlinie mit x, also die Summe der Schenkel mit U—x, so ist verm. Dat. 76. das Verhältnifs

$$\left.\begin{matrix}(U-x)^2-x^2\\ U^2-2Ux\\ U(U-2x)\end{matrix}\right\} : \frac{hx}{2} \text{ gegeben}$$

$$\text{also ist } U-2x : \tfrac{1}{2}x$$

$$\text{folglich } U-2x : 2x$$

$$\text{mithin } U : 2x$$

somit x und das ganze Dreieck gegeben.

Andere Analysis. (Fig. 27.)

Es sey $\triangle ABC$ das verlangte, so ist, wenn auf der Verlängerung von BC die geraden Linien DB, EC den Seiten BA, AC gleich genommen, und die geraden Linien AD, AE gezogen werden, auch FG⋕BC gezogen wird,

$$FAB+CAG=2R-BAC$$

$$\left.\begin{matrix}\text{also } \tfrac{1}{2}FAB+\tfrac{1}{2}CAG\\ \text{(El.I.4.28.)}\, BAD+CAE\end{matrix}\right\} = R-\tfrac{1}{2}BAC$$

$$\left.\begin{matrix}\text{folglich } BAD+BAC+CAE\\ DAE\end{matrix}\right\} = R+\tfrac{1}{2}BAC$$

mithin ist der Winkel DAE gegeben.

$$\text{Da } DE = DB + BC + CE = \left\{\begin{matrix} AB + BC + CA \\ U \end{matrix}\right.$$

so ist DE der Gröſse nach gegeben, also liegt, in so fern DE auch als der Lage nach gegeben angenommen wird, der Punkt A auf dem Umfange eines der Gröſse und Lage nach gegebenen Kreisabschnittes (El. I. 32.)

Da die Höhe AH=h, so liegt A auch auf einer der Lage nach gegebenen mit DE parallelen geraden Linie (Dat. 37.), folglich ist der Punkt A, somit das Dreieck ABC gegeben.

Dritte Analysis. (Fig. 27.)

Es sey $\triangle ABC$ das verlangte, es seyen auch zwey Kreise beschrieben, wovon der eine die Spitze A zum Mittelpunkt und die Höhe A zum Radius habe, der andere die Grundlinie BC in P und die Verlängerung der übrigen Seiten in L, M berühre, so sind beide Kreise der Gröſse und Lage nach gegeben, in so fern die Seiten BA, AC als der Lage nach gegeben angesehen werden, weil AD=h und

$$\left.\begin{matrix} LA + AM \\ 2AL \\ 2AM \end{matrix}\right\} \begin{matrix} = AB + \left\{\begin{matrix} BL \\ BP \end{matrix}\right\} + AC + \left\{\begin{matrix} CM \\ CP \end{matrix}\right. \text{(El. III. 17.)} \\ = AB + BC + CA \\ = U \end{matrix}$$

$$\text{also } \left.\begin{matrix} AL \\ AM \end{matrix}\right\} = \tfrac{1}{2}U$$

und ALO=AMO=R, auch LAO=OAM. Da BC eine diesen Kreisen gemeinschaftliche Tangente ist, so ist die Lage von BC, somit das Dreieck gegeben.

Aufgabe 55.

Ein Dreieck zu beschreiben, in welchem der Winkel der Spitze ei em gegebenen Winkel, die Höhe der gegebenen geraden Linie h, der Radius des um das Dreieck zu beschreibenden Kreises der gegebenen geraden Linie r gleich sey.

Analysis.

Da die Höhe und der Radius, also auch der Durchmesser des um das Dreieck zu beschreibenden Kreises gegeben sind, so ist das Rechteck derselben, folglich das diesem Rechtecke gleiche Rechteck der Schenkel gegeben, somit die Aufgabe auf Aufg. 52. reducirt.

Aufgabe 56.

Ein Dreieck zu beschreiben, in welchem der Winkel der Spitze einem gegebenen Winkel, der Radius des in das Dreieck zu beschreibenden Kreises der gegebenen geraden Linie r, der Uufang der gegebenen geraden Linie U gleich sey.

Analysis.

Bezeichnet man die Grundlinie mit x, also die Schenkelsumme mit U—x, so ist verm. Dat. 76. das Verhältnifs

$$\left.\begin{array}{l}(U-x)^2-x^2\\ U^2-2Ux\\ U(U-2x\end{array}\right\} : r.U \text{ gegeben}$$

also ist U—2x : r, folglich U—2x, mithin x, somit das Dreieck gegeben.

Andere Analysis. (Fig. 27.)

Es sey ABC das gesuchte Dreieck, so ist, wenn O der Mittelpunkt des die Grundlinie BC und die Verlängerungen der Seiten BA, AC berührenden Kreises ist, $LA=\frac{1}{2}U$, also LA der Gröſse, und in so fern BA als der Lage nach gegeben angesehen wird, auch der Lage nach, folglich der Punkt L, mithin, wegen des Winkels ALO=R, die Lage der geraden Linie LO, und, weil AO den gegebenen Winkel BAC halbirt, der Punkt O gegeben. Wenn O der Mittelpunkt des in das Dreieck beschriebenen Kreises, und R der Berührungspunkt der Linie AB ist, so ist △AQR der Art nach, und, wegen der der Gröſse nach gegebenen QR, auch der Gröſse nach, also ist AR, somit der Punkt R, folglich der Punkt Q gegeben. Es ist mithin BC eine gemeinschaftliche Tangente zweyer der Gröſse und Lage nach gegebenen Kreise, ist also gegeben, somit das ganze Dreieck bestimmt.

Zusatz.

Wenn der Umfang, der Inhalt und der Winkel der Spitze eines Dreieckes gegeben sind, so läſst sich aus dem Inhalte und Umfange der Radius des in das Dreieck zu beschreibenden Kreises bestimmen, also ist die Aufgabe, ein Dreieck aus jenen Datis zu construiren, auf die vorhergehende Aufgabe reducirt.

Aufgabe 57.

Ein Dreieck zu beschreiben, in welchem der Winkel der Spitze einem gegebenen Winkel, der Radius des in das Dreieck zu beschreibenden Kreises der gegebenen geraden Linie r, und das Verhältniſs der Schenkelsumme zur Grundlinie dem gegebenen Verhältniſse p : q gleich sey.

Analysis.

Bezeichnet man die Grundlinie mit x, also die Schenkelsumme mit $\frac{p}{q}x$, so ist verm. Dat. 76. das Verhältnifs

$$\left.\begin{matrix}(\frac{p}{q}x)^2 - x^2 \\ \frac{p^2-q^2}{q^2}x^2\end{matrix}\right\} : r\frac{p+q}{q}x \text{ gegeben}$$

also ist auch $x : r\frac{p+q}{q}$

folglich $x : r$

mithin x, somit das Dreieck gegeben.

Aufgabe 58. (*Fig.* 26. b.)

Ein Dreieck zu beschreiben, in welchem der Winkel der Spitze einem gegebenen Winkel, der Radius des in das Dreieck zu beschreibenden Kreises der gegebenen geraden Linie r, das Rechteck aus der Schenkelsumme und Grundlinie dem Quadrate der gegebenen geraden Linie a gleich sey.

Analysis.

Bezeichnet man die Grundlinie mit x, also die Schenkelsumme mit $\frac{a^2}{x}$, so ist verm. Dat. 76. das Verhältnifs

$$\left.\begin{matrix}\left.\begin{matrix}(\frac{a^2}{x})^2 - x^2 \\ (\frac{a^2}{x}+x)(\frac{a^2}{x}-x)\end{matrix}\right\} : (\frac{a^2}{x}+x)r \\ \frac{a^2}{x} - x : r \\ a^2 - x^2 : rx \\ \text{d. i. } Ax.xC : r.Bx\end{matrix}\right\}$$

gegeben, wenn $AB = BC = a$, $Bx = x$ gesetzt wird, also ist, vermöge Apoll. de sect.

det. Buch I. Aufg. 3. Fall 2., der Punkt x, folglich Bx, somit das Dreieck gegeben.

Aufgabe 59.

Ein Dreieck zu beschreiben, in welchem der Winkel der Spitze einem gegebenen Winkel, der Radius des in das Dreieck zu beschreibenden Kreises der gegebenen geraden Linie r, der Ueberschufs des Quadrates der Schenkelsumme über das Quadrat der Grundlinie dem Quadrate der gegebenen geraden Linie d gleich sey.

Analysis.

Bezeichnet man die Grundlinie mit x, also das Quadrat der Schenkelsumme mit d^2+x^2, den Umfang mit U, so ist verm. Dat. 76. das Verhältnifs $\left.\begin{matrix} d^2+x^2-x^2 \\ d^2 \end{matrix}\right\} : r.U$ gegeben, also ist U gegeben, folglich die Aufgabe auf Aufg. 56. reducirt.

Aufgabe 60.

Ein Dreieck zu beschreiben, in welchem der Winkel der Spitze einem gegebenen Winkel, der Radius des in das Dreieck zu beschreibenden Kreises der gegebenen geraden Linie r, der Ueberschufs des Quadrates der Grundlinie über das Quadrat der Schenkeldifferenz dem Quadrate der gegebenen geraden Linie d gleich sey.

Analysis.

Bezeichnet man die Grundlinie mis x, also das Quadrat der Schenkeldifferenz mit x^2-d^2, den Umfang mit U, so ist verm. Dat. 76. Zus. $\left.\frac{x^2-x^2+d^2}{d^2}\right\}$: r.U gegeben, also ist U gegeben, folglich die Aufgabe auf Aufg 56. reducirt.

Aufgabe 61. (*Fig.* 4. b.)

Ein Dreieck zu beschreiben, in welchem die Grundlinie, die die Spitze mit dem Halbirungspunkte der Grundlinie verbindende gerade Linie, und die Schenkelsumme den gegebenen geraden Linien g, h, S gleich seyen.

Analysis.

Es sey BAC das verlangte Dreieck, D der Halbirungspunkt der Grundlinie, so ist

$$BA^2+AC^2=\left\{\begin{array}{l}2BD^2+DA^2 \text{ (wie zu Aufg. 5.)}\\ \frac{1}{2}g^2+2h^2\end{array}\right.$$

also ist BA^2+AC^2 gegeben (Dat. 2.).
Da auch BA+AC gegeben ist,

so ist $(BA+AC)^2$
d. i. $BA^2+2BA.AC+AC^2$ } (El. II. 4.) gegeben,

folglich BA . AC gegeben

somit BA, AC (Dat. 86.)

mithin das Dreieck der Art und Gröſse nach gegeben.

Aufgabe 62. (*Fig.* 4. b)

Ein Dreieck zu beschreiben, in welchem die Grundlinie, die Schenkeldifferenz und die die Spitze mit dem Halbirungspunkte der Grundlinie verbindende gerade

Linie den gegebenen geraden Linien g, d, h gleich seyen.

Analysis.

Es sey $\triangle ABC$ das verlangte, D der Halbirungspunkt der Grundlinie, so ist

$$BA^2+AC^2 = \begin{cases} 2BD^2+2DA^2 & \text{(wie zu Aufg. 5.)} \\ \frac{1}{2}g^2+2h^2 \end{cases}$$

also ist BA^2+AC^2 gegeben (Dat. 2.).

Da auch $BA-AC$ gegeben ist,

so ist $\left.\begin{matrix}(BA-AC)^2 \\ BA^2-2BA.AC+AC^2\end{matrix}\right\}$ gegeben (El. II. 7.)

folglich $BA.AC$ gegeben

mithin sind BA, AC (Dat. 85.)

somit ist das Dreieck der Art und Gröſse nach gegeben.

Aufgabe 63. (*Fig.* 4. b.)

Ein Dreieck zu beschreiben, in welchem die Grundlinie und die die Spitze mit dem Halbirungspunkte der Grundlinie verbindende gerade Linie den gegebenen geraden Linien g, h, das Rechteck der Schenkel dem Quadrate der gegebenen geraden Linie a gleich sey.

Analysis.

Es sey $\triangle ABC$ das verlangte, D der Halbirungspunkt der Grundlinie, so ist

$$BA^2+AC^2 = \begin{cases} 2BD^2+2DA^2 & \text{(wie zu Aufg. 5.)} \\ \frac{1}{2}g^2+2h^2 \end{cases}$$

also ist BA^2+AC^2 gegeben.

Da $BA \,.\, AC = a^2$

so ist $2BA \,.\, AC$ gegeben

folglich sowohl $\left\{\begin{matrix} BA^2 + 2BA \,.\, AC + AC^2 \\ (BA + AC)^2 \end{matrix}\right\}$

als $\left\{\begin{matrix} BA^2 - 2BA \,.\, AC + AC^2 \\ (BA - AC)^2 \end{matrix}\right\}$

mithin sowohl $BA + AC$, als $BA - AC$, somit sowohl BA, als AC, und das ganze Dreieck gegeben.

Aufgabe 64. (*Fig.* 14.)

Ein Dreieck zu beschreiben, in welchem die Höhe, das zwischen der Spitze und der Grundlinie gelegene Segment der den Winkel der Spitze halbirenden geraden Linie und der Durchmesser des um das Dreieck zu beschreibenden Kreises den gegebenen geraden Linien h, a, d gleich seyen.

Analysis.

Es sey $\triangle BAC$ das verlangte, $ACD = BCD$, $CRA = R$, es sey auch CQ der Durchmesser des um das Dreieck beschriebenen Kreises, so ist, wenn CD bis zum Durchschnitt G mit diesem Kreise verlängert wird,

$\triangle ACD \backsim \triangle GCB$ (El. VI. 4.)

also $AC : CD = GC : CB$

folglich $GC \,.\, \left\{\begin{matrix} CD \\ a \end{matrix}\right\} = AC \,.\, CB$ (El. VI. 16.)

$= \left\{\begin{matrix} RC \,.\, CQ \\ d \,.\, h \end{matrix}\right\}$, weil $\triangle ACR \backsim \triangle QCB$ also $AC : CR = QC : CB$;

mithin ist $a : d = h : CG$

demnach ist CG der Gröfse nach gegeben. Nimmt man also auf dem über einem der Lage nach gegebenen, oder willkührlich angenommenen Durchmesser CQ=d beschriebenen Kreisumfange den Punkt G nach Belieben an, so ist, wegen der der Gröſse nach gegebenen Linie CG, der Punkt C, somit der Punkt D, und, weil CRD=R und CR=h ist, der Punkt R, also die gerade Linie AB der Lage nach, folglich sowohl der Durchschnitt A, als der Durchschnitt B mit dem Kreisumfange, somit das Dreieck ABC gegeben.

Aufgabe 65. (*Fig.* 14.)

Ein Dreieck zu beschreiben, in welchem die Grundlinie und das zwischen der Spitze und der Grundlinie gelegene Segment der den Winkel der Spitze halbirenden geraden Linie den gegebenen geraden Linien g, h, das Rechteck der Schenkel dem Quadrate der gegebenen geraden Linie a gleich sey.

Analysis.

Es sey △ABC das verlangte, so ist, wenn die den Winkel der Spitze halbirende gerade Linie CD bis zum Durchschnitt G mit dem um das Dreieck beschriebenen Kreise verlängert, und GA gezogen wird,

$$\triangle AGC \backsim \triangle BCD \text{ (El. VI. 4.)}$$

$$\text{also } AC:CG = DC:CB$$

$$\text{folglich } \underbrace{AC.CB}_{a^2} = \begin{cases} DC.CG \text{ (El. VI. 16.)} \\ \underbrace{DC^2}_{h^2} + CD.DG \end{cases}$$

$$\text{mithin } \underbrace{CD.DG}_{AD.DB} = a^2 - h^2$$

demnach ist AD.DB gegeben. Da auch AD+DB(=g) gegeben ist, so sind AD, DB (Dat. 86.) der Gröſse nach, und in so fern AB als der Lage nach gegeben angenommen wird, ist der Punkt D gegeben. Da

$$\frac{CD.DG \quad AD.DB}{}$$

also $\left.\begin{matrix}CD\\h\end{matrix}\right\}$: DA=BD : DG, so ist DG der Gröſse nach gegeben, also liegt G auf einem der Gröſse und Lage nach gegebenen Kreisumfange. Da ACG=GCB, also arc.AG=arc.GB, so liegt G auf dem in dem Halbirungspunkte von AB auf dieser Linie aufgerichteten Perpendikel, mithin ist der Punkt G, somit die gerade Linie GD der Lage nach, also auch der Punkt C, folglich das ganze Dreieck gegeben.

Aufgabe 66. (*Fig.* 28.)

Ein Dreieck zu beschreiben, in welchem die von den Winkelpunkten auf die gegenüber liegenden Seiten gefällten Perpendikel den gegebenen geraden Linien α, β, γ gleich seyen.

Analysis. (Fig. 28. a.)

Es sey △ABC das verlangte, und es seyen die Perpendikel AK, BE, CF gleich den Linien α, β, γ;

so ist △CBF ∽ △ABK (El. VI. 4.)

also CB : BA = $\left\{\begin{matrix}CF : AK\\ \gamma : \alpha\end{matrix}\right.$

Eben so ist △BAE ∽ △CAF (El. VI. 4.)

folglich BA : AC = $\left\{\begin{matrix}BE : CF\\ \beta : \gamma\end{matrix}\right.$

mithin sind die Verhältniſse CB : BA, BA : AC, somit ist das Verhältniſs AC : CB gegeben, also ist △ABC der Art nach (Dat. 45.), und, weil die Höhe AK($=\alpha$) gegeben ist, auch der Gröſse nach (Dat. 50.) gegeben.

Determination.

$$\text{Da } CB:BA=\begin{cases}\gamma:\alpha\\ \beta\gamma:\alpha\beta\end{cases},\ BA:AC=\begin{cases}\beta:\gamma\\ \alpha\beta:\alpha\gamma\end{cases}$$

so ist $CB:BA:AC=\beta\gamma:\alpha\beta:\alpha\gamma$.

Da nun $CB+BA>AC$, $CB+AC>AB$, $BA+AC>BC$ werden muſs, so muſs auch seyn $\beta\gamma+\alpha\beta>\alpha\gamma$, $\beta\gamma+\alpha\gamma>\alpha\beta$, $\alpha\beta+\alpha\gamma>\beta\gamma$.

Construction.

Man nehme HG nach Belieben, HGM=R=HGS, mache auf der Verlängerung von HG die Linie LG$=\gamma$, nehme MG$=\alpha$, HP#ML, HN$=\beta$, OH$=\alpha$, GQ#ON, bezeichne den Durchschnitt der Linien GQ, PH mit Q, beschreibe ein Dreieck AGH, dessen eine Seite die Linie GH, andere Seite AG=GP, dritte Seite AH=HQ sey, mache AK#GP, MK#AG, KB#GH, so ist, wenn KB die Linien AG, AH in B, C schneidet, △ABC das verlangte.

Beweis.

$$\text{Es ist } HG:GP=\begin{cases}LG:GM \text{ (El. VI. 4.)}\\ \gamma:\alpha\\ \beta\gamma:\alpha\beta\end{cases}$$

$$\text{Auch ist } QH:HG=\begin{cases}OH:HN \text{ (El. VI. 4.)}\\ \alpha:\beta\\ \alpha\beta:\beta\gamma\end{cases}$$

also $QH:GP=\alpha\gamma:\alpha\beta$ (El. V. 22.)

folglich $HG:GP:QH=\beta\gamma:\alpha\beta:\alpha\gamma$.

Da $\underline{\beta\gamma+\alpha\beta>\alpha\gamma,\ \beta\gamma+\alpha\gamma>\alpha\beta},\ \underline{\alpha\beta+\alpha\gamma>\beta\gamma}$ (Det.)

so ist HG+GP>QH, HG+QH>GP, GP+QH>HG, mithin läſst sich aus Linien, welche = GH, GP, QH sind, ein Dreieck AGH beschreiben.

Ferner ist AK ♯ GM

also AKC = $\left.\begin{array}{l}\text{MGH}\\ \text{R}\end{array}\right\}$ (El. I. 28.), AK=GM=α (El. I. 33.)

Ueberdieſs ist, wenn CFB=R gemacht wird,

$$\left.\begin{array}{r}\text{CB}:\text{BA}\\ \text{HG}:\left\{\begin{array}{l}\text{GA}\\ \text{GP}\end{array}\right.\\ \text{LG}:\text{GM}\\ \gamma:\alpha\end{array}\right\} = \text{CF}:\left\{\begin{array}{l}\text{AK}\\ \alpha\end{array}\right. \text{(El. VI. 4.)}$$

folglich CF=γ.

Endlich ist, wenn BEA=R gemacht wird,

$$\left.\begin{array}{r}\text{BC}:\text{CA}\\ \text{GH}:\left\{\begin{array}{l}\text{HA}\\ \text{HQ}\end{array}\right.\\ \text{NH}:\text{HO}\\ \beta:\alpha\end{array}\right\} = \text{BE}:\left\{\begin{array}{l}\text{AK}\\ \alpha\end{array}\right. \text{(El. VI. 4.)}$$

mithin BE=β

also ist △ABC das verlangte.

Anmerkung.

Vorstehende Aufgabe läſst sich auf folgende sehr einfache Weise behandeln.

Analysis. (Fig. 28. b.)

Es sey △DBC das verlangte, es seyen auch die Perpendikel DH, BK, CL gezogen, welche=α, β, γ seyen.

Macht man DF$=\gamma$, und zieht FE$\#$BC, so ist, wenn E den Durchschnitt der Linien CE, DB bezeichnet,

$$\left.\begin{matrix}DC:CB\\DH:BK\\\alpha:\beta\end{matrix}\right\}=\left\{\begin{matrix}DF\\\gamma\end{matrix}\right\}:FE \quad \text{(El. VI. 4.)}$$

also ist FE gegeben (Dat. 2.).

$$\text{Auch ist } \left.\begin{matrix}FD\\\gamma\end{matrix}\right\}:DE=\left\{\begin{matrix}CD:DB\\CL:BK\\\gamma:\beta\end{matrix}\right.$$

$$\text{folglich } DE=\beta$$

mithin ist $\triangle$DEF, somit $\triangle$DBC der Art nach, und, weil DH gegeben ist, auch der Gröfse nach (Dat. 50. 56.) gegeben, also sind seine Seiten gegeben.

Construction.

Man suche die vierte geometrische Proportionallinie zu α, β, γ, so dafs also $\alpha:\beta=\gamma:\delta$, construire ein Dreieck DEF aus den Linien DE$=\beta$, DF$=\gamma$, EF$=\delta$, fälle auf EF das Perpendikel DG, schneide von demselben, oder der Verlängerung DH$=\alpha$ ab, und ziehe durch H die Linie BC$\#$EF; so ist, wenn B, C die Durchschnittspunkte mit den Linien ED, DF, oder ihren Verlängerungen sind, $\triangle$DBC das verlangte.

Determination.

Damit aus den Linien β, γ, δ ein Dreieck construirt werden könne, mufs seyn

$$\beta+\gamma\left\{\begin{matrix}\delta\\\frac{\beta\gamma}{\alpha}\end{matrix}\right. ,\quad \left.\begin{matrix}\beta+\delta\\\beta+\frac{\beta\gamma}{\alpha}\end{matrix}\right\}>\gamma ,\quad \left.\begin{matrix}\gamma+\delta\\\gamma+\frac{\beta\gamma}{\alpha}\end{matrix}\right\}>\beta$$

also $\alpha\beta+\alpha\gamma>\beta\gamma$, $\alpha\beta+\beta\gamma>\alpha\gamma$, $\alpha\gamma+\beta\gamma>\alpha\beta$.

Beweis.

$$\text{Es ist } \frac{\alpha\beta+\alpha\gamma>\beta\gamma,\ \alpha\beta+\beta\gamma>\alpha\gamma,\ \alpha\gamma=\beta\gamma>\alpha\beta}{\text{also } \beta+\gamma>\left\{\begin{matrix}\frac{\beta\gamma}{\alpha}\\ \delta\end{matrix}\right.,\ \beta+\left\{\begin{matrix}\frac{\beta\gamma}{\alpha}\\ \delta\end{matrix}\right\}>\gamma,\ \gamma+\left\{\begin{matrix}\frac{\beta\gamma}{\alpha}\\ \delta\end{matrix}\right\}>\beta}$$

folglich läſst sich aus den Linien β, γ, δ ein Dreieck beschreiben.

Es ist DF : FE $\Big\}$ = DC : CB (El. VI. 4.)

$\left.\begin{matrix}\alpha\\ \text{DH}\end{matrix}\right\} : \beta$ $\Big\}$ = DH : BK, wenn BKC = R (El. VI. 4.)

also ist BK = β.

Ferner ist DE : EF $\Big\}$ = DB : BC

$\alpha : \gamma$ $\Big\}$ = DH : CL

also CL = γ

folglich ist $\triangle$DBC das gesuchte.

Aufgabe 67. (*Fig.* 29.)

Ein Dreieck zu beschreiben, in welchem die von den Winkelspitzen zu den Halbirungspunkten der gegenüber liegenden Seiten gezogenen geraden Linien den gegebenen Linien α, β, γ gleich seyen.

Analysis.

Es sey $\triangle$ABC das gesuchte, es seyen auch die den Linien α, β, γ gleichen geraden Linien zu den Halbirungspunkten D, E, F der gegenüber liegenden Seiten gezogen, welche sich in einem Punkte O schneiden,

so ist AF : FB = AE : EC

also FE $\#$ BC

folglich $\triangle$FOE $\sim$ $\triangle$BOC (El. VI. 4.)

$$\text{mithin}\ \left.\begin{matrix} FE:BC \\ FA:AB \\ 1:2 \end{matrix}\right\} = FO:OC = EO:OB$$

$$\text{demnach}\ 1:3 = OF:\underbrace{FC}_{\gamma},\ 2:3 = OB:BE.$$

Zieht man die die Linie BO in H schneidende gerade Linie FH, so ist

$$FH:AO = \left\{\begin{matrix} FB:BA, \\ 1:2 \end{matrix}\right. \qquad \left.\begin{matrix} FA:AB \\ 1:2 \end{matrix}\right\} = HO:OB$$

$$\text{Da}\ AO:AD = 2:3$$

$$\text{so ist}\ FH:\underbrace{AD}_{\alpha} = 1.3 \qquad \text{folglich}\ 1:3 = HO:\underbrace{EB}_{\beta}$$

also sind die Linien FO, OH, HF, folglich das Dreieck FOH, somit auch △ABC der Art und Gröfse nach gegeben.

Construction.

Man beschreibe ein Dreieck FOH, dessen Seiten FH, HO, OF den Linien $\frac{1}{3}\alpha$, $\frac{1}{3}\beta$, $\frac{1}{3}\gamma$ gleich seyen, mache BH=HO=OE, CO=2OF, ziehe die gerade Linie BF bis zum Durchschnitt A mit der durch die Punkte C, E gezogenen geraden Linie, so ist △ABC das verlangte.

Determination.

Damit aus Linien, welche $=\frac{1}{3}\alpha$, $\frac{1}{3}\beta$, $\frac{1}{3}\gamma$ sind, ein Dreieck construirt werden könne, mufs seyn

$$\tfrac{1}{3}\alpha+\tfrac{1}{3}\beta>\tfrac{1}{3}\gamma,\ \tfrac{1}{3}\alpha+\tfrac{1}{3}\gamma>\tfrac{1}{3}\beta,\ \tfrac{1}{3}\beta+\tfrac{1}{3}\gamma>\tfrac{1}{3}\alpha$$

$$\text{also}\ \alpha+\beta>\gamma,\ \alpha+\gamma>\beta,\ \beta+\gamma>\alpha.$$

Beweis.

Es ist $\alpha+\beta>\gamma$, $\alpha+\gamma>\beta$, $\beta+\gamma>\alpha$

---

also $\frac{1}{3}\alpha+\frac{1}{3}\beta>\frac{1}{3}\gamma$, $\frac{1}{3}\alpha+\frac{1}{3}\gamma>\frac{1}{3}\beta$, $\frac{1}{3}\beta+\frac{1}{3}\gamma>\frac{1}{3}\alpha$

folglich läfst sich ein Dreieck FOH aus Linien, welche $=\frac{1}{3}\alpha$, $\frac{1}{3}\beta$, $\frac{1}{3}\gamma$ sind, bilden.

Es ist $\left.\begin{matrix}OB\\ \frac{2}{3}\beta\end{matrix}\right\}:BE=2:3=\left\{\begin{matrix}OC\\ \frac{2}{3}\gamma\end{matrix}\right\}:CF$

---

also $BE=\beta$, $CF=\gamma$, und $FE \# BC$ (El. VI. 2.)

folglich $FE:BC=1:2$

mithin $FE:DC=1:1$, wenn $BD=DC$;

somit $FD \# EC$ (El. 1, 33.)

demnach $FDC+ECD=2R$ (El. I. 28.)

also $FBC+ECD<2R$ (El. I. 16.).

folglich schneiden sich die Linien BF, CE in ihrer Verlängerung in A. Es geht also die gerade Linie AD durch O. Auch ist $BH:HO=BD:DC$

also $HD:OC=1:2$

$=FO:OC$

---

folglich $HD=FO$

mithin $FH=OD$

somit $FH:AD=OD:DA$

$=1:3$

---

demnach $AD=3FH$

$=\alpha$

also ist $\triangle ABC$ das verlangte.

Aufgabe 68. (*Fig.* 30.)

Ein Dreieck zu beschreiben, in welchem das zwischen der Spitze und der Grundlinie liegende Segment der den Winkel der Spitze halbirenden geraden Linie, und die dadurch gebildeten Segmente der Grundlinie den gegebenen geraden Linien h, a, b gleich seyen.

Analysis.

Es sey ABC das gesuchte Dreieck, so ist, wenn um dasselbe ein Kreis beschrieben, und die den Winkel BAC halbirende gerade Linie AD bis zum Durchschnitt mit demselben in F verlängert wird,

$$AD \, . \, DF = BD \, . \, DC \quad \text{(El. III. 35.)}$$

$$\text{also } \underbrace{AD : DB}_{h\,:\,a} = \underbrace{CD}_{b} : DF$$

folglich ist DF der Gröfse nach gegeben, und der Punkt F liegt, weil, wenn die gerade Linie BDC als der Lage nach gegeben angenommen wird, auf einem der Gröfse und Lage nach gegebenen Kreisumfange.

Da BAF=FAC, also arc.BF=arc.FC, so ist, wenn BE=EC gemacht und FE gezogen wird, BEF=R (El. III. 30.), also ist wegen des gegebenen Punktes E, die Lage der geraden Linie FE, somit der Punkt F, folglich die Lage der geraden Linie FD, mithin der Punkt A und das ganze Dreieck ABC gegeben.

Construction.

Man mache BD=a, CD=b, BDG=BDH=R, GD=h, DCH=BGD, BE=EC, EF#DH, beschreibe aus D als Mittelpunkt einen Kreis mit einem Radius=DH, ziehe durch D und den Durchschnitt F dieses Kreises mit EF die gerade Linie FD, beschreibe durch die

Punkte D, F, C einen Kreis, welcher der Verlängerung der Linie FD in A begegne, und ziehe die geraden Linien BA, AC, so ist $\triangle ABC$ das verlangte.

Determination.

Damit der aus D als Mittelpunkt beschriebene Kreis die Linie EF schneide, mufs

$$\underline{HD > DE} \text{ seyn (El. I. 19.);}$$

$$\text{also } \left.\begin{array}{r} CD:DH \\ GD:DB \\ h:a \end{array}\right\} < \left\{\begin{array}{c} CD \\ b \end{array}\right\} : \left\{\begin{array}{l} DE \text{ (El. V. 8.)} \\ \frac{b-a}{2} \text{ (El. VI. 4.)} \end{array}\right.$$

Beweis.

$$\text{Es ist } \left.\begin{array}{r} h:a \\ GD:DB \\ \left.\begin{array}{c} CD \\ b \end{array}\right\}:DA \end{array}\right\} < b : \left\{\begin{array}{l} \frac{b-a}{2} \text{ (Det.)} \\ DE \end{array}\right.$$

$$\text{also } HD > DE$$

folglich schneidet der Kreis die Linie EF. Es läfst sich also durch die Punkte B, F, C ein Kreis beschreiben (El. IV. 5.).

Ferner ist $\underline{AD \cdot DF = BD \cdot DC}$ (El. III. 35.)

$$\text{also } AD:DB = CD : \left\{\begin{array}{l} DF \\ DH \end{array}\right.$$

$$= \left\{\begin{array}{c} GD \\ h \end{array}\right\} : DB$$

folglich ist $AD = h$

mithin ABC das gesuchte Dreieck.

Aufgabe 69. (Fig. 31.)

Ein Dreieck zu beschreiben, in welchem die von zwey Winkelpunkten auf die gegenüberliegenden Seiten gefällten Perpendikel und die Summe dieser Seiten den gegebenen geraden Linien α, β, γ gleich seyen.

Analysis.

Es sey $\triangle ABC$ das verlangte, es seyen von den beiden Perpendikeln AD, BE, wovon das eine $=\alpha$, das andere $=\beta$ sey, das eine, BE, um eine Linie EF $=$ dem anderen verlängert, so ist, wenn $FG \parallel EC$ gezogen wird,

BFG $=$ R

---

also auch CHG $=$ R, wenn $CH \parallel EF$.

Da $FG \parallel EC$

---

so ist HGC $=$ ACD

---

folglich $\triangle CHG \cong \triangle ADC$

---

mithin AC $=$ CG

---

demnach $\underbrace{BC+CA}_{\gamma} = \underbrace{BC+CG}_{BG}$

Da $BF = BE + AD = \beta + \alpha$, so ist $\triangle BFG$ der Art und Gröſse nach, also der Winkel CGH gegeben, folglich $\triangle CGH$ der Art und Gröſse nach, mithin $\left.\begin{matrix} CG \\ CA \end{matrix}\right\}$, somit auch BC gegeben, demnach, wegen ACB $=$ HGC, das Dreieck ABC der Art und Gröſse nach gegeben.

Construction.

Man beschreibe über der geraden Linie $BG=\gamma$ einen Halbkreis, trage in denselben die Sehne $BF=\beta+\alpha$, ziehe die gerade Linie FG, mache $FE=\alpha$, $EC \parallel FG$,

AC=CG, und ziehe die gerade Linie BA, so ist △ABC das verlangte.

Determination.

Da DA<AC, EB<BC

so ist DA+BE<AC+CB

also muſs $\alpha+\beta<\gamma$ seyn.

Beweis.

Es ist $\alpha+\beta<\gamma$ (Det.)

also läſst sich in den Halbkreis die Sehne $BF=\alpha+\beta$ legen.

Da AC=CG, ACD=HGC, ADC=CHG, wenn ADC=R,

so ist BC+CA=BG, △ACD≅△CHG

$=\gamma$ folglich $AD=\begin{cases}CH\\EF\\\alpha\end{cases}$

Da BEC=BFG, so ist BEC=R. Auch ist

$BE=\begin{cases}BF-FE\\\beta+\alpha-\alpha\\\beta\end{cases}$

folglich ist △ABC das verlangte.

Aufgabe 70. (*Fig.* 32.)

Ein Dreieck zu beschreiben, in welchem zwey Seiten und das Segment der den eingeschlossenen Winkel halbirenden geraden Linie, welches zwischen der Spitze desselben und der gegenüber liegenden Seite enthalten ist, den gegebenen geraden Linien α, β, γ gleich seyen.

Analysis.

Es sey △ABC das verlangte, so ist, wenn CD der den Winkel BAC halbirenden geraden Linie AE parallel gezogen, und bis zum Durchschnitt mit der verlängerten BA in D verlängert wird,

BAE = ADC (El. I. 28.)
EAC
ACD (El. I. 28.)

also DA = AC (El. I. 5.)

folglich BA + AC ($\alpha+\beta$) : CD = BA + AD : DC
= BA : AE (El. VI. 4.)
= $\alpha : \gamma$

mithin ist CD, somit △ACD der Art nach (Dat. 42.), demnach der Winkel DAC, also der Winkel BAC, somit das Dreieck BAC gegeben.

Aufgabe 71. (*Fig.* 29.)

Ein Dreieck zu beschreiben, in welchem zwey Seiten und die von dem eingeschlossenen Winkel zu dem Halbirungspunkte der gegenüber liegenden Seite gezogene gerade Linie den gegebenen geraden Linien δ, ε, α gleich seyen.

Analysis.

Es sey △ABC das gesuchte, so ist, wenn von dem Halbirungspunkte D der Linie BC die Linie DF ‡ AC gezogen wird, welche bis zum Durchschnitt F mit der Seite AB verlängert sey,

AF : FB = CD : DB (El. VI. 2.), DF : AC = DB : BC (El. VI. 14.)
= 1 : 2

also AF = FB
= $\frac{1}{2}\delta$

also DF = $\frac{1}{2}$AC
= $\frac{1}{2}\varepsilon$

folglich ist $\triangle ADF$ der Art nach gegeben, mithin sind, in so fern **AD** als der Lage nach gegeben angenommen wird, die Linien **DF**, **FA** der Lage nach, somit ist AC der Lage nach gegeben. Da auch **BA**, **AC** der Gröfse nach gegeben sind, ist das Dreieck **ABC** gegeben.

Aufgabe 72. (*Fig.* 33.)

Ein rechwinkeliges Dreieck zu beschreiben, in welchem die Seiten arithmetisch proportionirt seyen, und der Flächenraum dem Quadrate der gegebenen geraden Linie α gleich sey.

Analysis.

Es sey $\triangle ABC$ das verlangte, so ist

$$CA - AB = AB - BC$$

$$\text{mithin } \left.\begin{array}{c} AC - CB \\ AK \end{array}\right\} = \left\{\begin{array}{l} 2(CA - AB) \\ 2CH, \text{ wenn } KC = CB,\ HA = AB; \end{array}\right.$$

$$\left.\begin{array}{r} \text{Da } AB^2 + BC^2 \\ AH^2 + CK^2 \\ AH^2 + KH^2 + 2KH \cdot HC + HC^2 \end{array}\right\} = \left\{\begin{array}{l} AC^2 \\ AH^2 + \left\{\begin{array}{l} 2AH \cdot HC \\ 2AK \cdot HC + 2KH \cdot HC \end{array}\right\} + HC^2 \end{array}\right.$$

$$\text{so ist } KH^2 = \left\{\begin{array}{l} 2AK \cdot HC \\ AK^2 \end{array}\right.$$

$$\text{also } HK = \left\{\begin{array}{l} KA \\ 2CH \end{array}\right.$$

$$\text{folglich } \left.\begin{array}{c} CK \\ CB \end{array}\right\} = 3CH \qquad \left.\begin{array}{c} AH \\ AB \end{array}\right\} = 4CH$$

$$\text{mithin } \left.\begin{array}{l} CB:BA \\ CB^2 : \left\{\begin{array}{l} AB.BC \\ 2\alpha^2 \end{array}\right. \end{array}\right\} = \left\{\begin{array}{l} 3.CH:4CH \\ 3:4 \end{array}\right.$$

$$\text{demnach } CB^2:\alpha^2 = 3:2$$

also ist CB, somit BA und das ganze Dreieck gegeben.

Construction.

Man nehme auf einer beliebig angenommenen geraden Linie $BF=\alpha$, $FD=DG=\frac{1}{2}BF$, $BFE=R$, beschreibe über BD einen Halbkreis, welcher der Linie FE in E begegne, ziehe die gerade Linie BEA, GA♯BE, mache CB=BE, und ziehe die gerade Linie AC, so ist $\triangle ABC$ das verlangte.

Beweis.

$$\text{Es ist } CB:BA = \left\{\begin{array}{l} EB:BA \\ DB:BG \text{ (El. VI. 4.)} \end{array}\right.$$

$$\text{also } CB^2 : \tfrac{1}{2}CB.BA = \left\{\begin{array}{l} DB:BF \\ EB^2 : \left\{\begin{array}{l} BF^2 \text{ (El.VI.20.Zus.2.)} \\ \alpha^2 \end{array}\right. \end{array}\right.$$

$$\text{folglich } \left.\begin{array}{l} \tfrac{1}{2}CB.BA \\ \triangle ABC \end{array}\right\} = \alpha^2$$

$$\text{Da } CB:BA = \left\{\begin{array}{l} DB:BG \\ 3:4 \end{array}\right.$$

$$\text{so ist } CB^2 : BA^2 = 9:16$$

$$\text{also } \left.\begin{array}{l} CB^2+BA^2 \\ CA^2 \end{array}\right\} : BA^2 = 25:16$$

$$\text{folglich } CA:AB = 5:4$$

$$\text{mithin } CB-BA = BA-AC.$$

Aufgabe 73. (*Fig.* 34.)

Ein rechtwinkeliges Dreieck zu beschreiben, in welchem die Seiten geometrisch proportionirt seyen, und der Flächenraum dem Quadrate der gegebenen geraden Linie α gleich sey.

Analysis.

Es sey $\triangle ABC$ das verlangte, so ist

$$CA^2 : \left\{ \begin{matrix} AB^2 \\ CA.AD \end{matrix} \right\} = \left\{ \begin{matrix} AB^2 \\ CA.AD \end{matrix} \right\} : \left\{ \begin{matrix} BC^2 \text{ (El. VI. 8. 22.)} \\ AC.CD, \text{ wenn } BDA = R, \end{matrix} \right.$$

(El. VI. 8. 16.)

also $CA : AD = AD : DC$ (El. VI. 1.)

Zieht man durch einen beliebigen Punkt F der Linie DA, oder ihrer Verlängerung, die Linie $FE \# AB$, und durch den Durchschnitt E derselben mit dem Perpendikel DB, oder dessen Verlängerung, die Linie $GE \# BC$, so ist $CA : AB = AB : BC$

also $CA^2 : AB^2 = AB^2 : BC^2$

$$\text{folglich } \left\{ \begin{matrix} GF^2 : FE^2 \\ GF : FD \end{matrix} \right\} = \left\{ \begin{matrix} FE^2 : EG^2 \text{ (El. VI. 4. 22.)} \\ FD : DG \text{ (El. VI. 20. Zus. 2.)} \end{matrix} \right.$$

Da FD als eine der Lage und Gröfse nach gegebene gerade Linie angesehen werden kann, so ist DG (El. II. 11.), also der über FG beschriebene Halbkreis, folglich der Punkt E, mithin das Dreieck FEG, somit $\triangle ABC$ der Art nach, also $AC : BD$

$$\left. \begin{matrix} AC : BD \\ AC^2 : \left\{ \begin{matrix} \frac{1}{2} AC . BD \\ \alpha^2 \end{matrix} \right\} \end{matrix} \right\} \text{ gegeben,}$$

folglich AC^2, somit AC und das ganze Dreieck gegeben.

Construction.

Man beschreibe über der beliebig angenommenen geraden Linie FG ein Quadrat FK, mache $FO = OH$, beschreibe aus O als Mittelpunkt mit einem Radius = OG einen Kreis, welcher der Verlängerung von HF in P begegne, mache DF=FP, FDE=R, beschreibe über FG einen Halbkreis, dessen Umfang der Linie DE in E begegne, nehme NE=EG, beschreibe über FN einen die gerade Linie EG in L schneidenden Halbkreis, mache ME = der Diagonale des Quadrates der Linie α, EMQ=ELN, durch den Durchschnitt Q der Linie MQ mit EG ziehe man QC#DE, und CB#EG, BA #EF, so ist △ABC das verlangte.

Beweis.

Es ist $ABC = \begin{cases} FEG \text{ (El. I. 29.)} \\ R \end{cases}$

Ferner ist LE : EN = ME : EQ (El. VI. 4.)

$$\text{also } \left.\begin{matrix} LE^2 \\ \text{(El.VI.8.16.) } FE.EN \\ FE.EG \end{matrix}\right\} : \left\{\begin{matrix} EN^2 \\ EG^2 \end{matrix}\right\} = \left\{\begin{matrix} ME^2 \\ 2\alpha^2 \end{matrix}\right\} : \left\{\begin{matrix} EQ^2 \text{ (El.VI.22.)} \\ BC^2 \text{ (El. I. 33.)} \end{matrix}\right.$$

$$\left.\begin{matrix} \text{(El. VI. 1.)} & FE : EG \\ \text{(El. VI. 4.)} & AB : BC \\ \text{(El. VI. 1.)} & AB.BC : BC^2 \end{matrix}\right\}$$

folglich $AB.BC = 2\alpha^2$

mithin $\left.\begin{matrix} \frac{1}{2}AB.BC \\ \triangle ABC \end{matrix}\right\} = \alpha^2$

$$\text{Endlich ist } \left.\begin{matrix} GF : FD \\ GF^2 : FE^2 \\ CA^2 : AB^2 \end{matrix}\right\} = \left\{\begin{matrix} FD : DG & \text{(El. II. 11. VI. 17.)} \\ FD^2 : DE^2 & \text{(El. VI. 1. 20. Zus. 2.)} \\ AD^2 : DB^2 & \text{(El. VI. 4. 22.)} \\ AB^2 : BC^2 & \end{matrix}\right.$$

also CA : AB = AB : BC (El. VI. 22.)

folglich ist △ABC das verlangte.

Aufgabe 74.

Durch einen, innerhalb, oder ausserhalb zweyer der Lage nach gegebenen parallelen geraden Linien, gegebenen Punkt eine gerade Linie zu ziehen, so dafs die zwischen den Durchschnittspunkten mit diesen Linien und zweyen in denselben gegebenen Punkten gelegenen Segmente in einem gegebenen Verhältnifse stehen.

Diese Aufgabe war mit der folgenden der Gegenstand der Schrift des Apollonius von Perga de sectione rationis. Man sehe die Bücher des Apollonius von Perga de sectione rationis, frey bearbeitet von Diesterweg, Berlin 1824. pag. 9 sqq.

Aufgabe 75.

Durch einen, innerhalb eines der Lage nach gegebenen Winkels, gegebenen Punkt eine gerade Linie zu ziehen, welche die Schenkel dieses Winkels, oder seines Nebenwinkels, so schneide, dafs die zwischen den Durchschnittspunkten und zweyen in jenen Linien gegebenen Punkten enthaltenen Segmente ein gegebenes Verhältnifs zu einander haben.

Man sehe die Bücher des Apollonius von Perga de sectione rationis, von Diesterweg, pag. 18 sqq.

Aufgabe 76.

Durch einen, innerhalb, oder ausserhalb zweyer der Lage nach gegebenen Parallelen, gegebenen Punkt eine gerade Linie zu ziehen, so dafs die zwischen den Durchschnittspunkten mit diesen Linien und zweyen in denselben gegebenen Punkten enthaltenen Segmente eine gegebene Summe, oder eine gegebene Differenz haben.

Man sehe die Bücher des Apollonius de sectione rationis, von Diesterweg, im Anhange pag, 199. sqq.

Aufgabe. 77.

Durch einen, innerhalb eines der Lage nach gegebenen Winkels, gegebenen Punkt eine gerade Linie zu ziehen, welche die Schenkel dieses Winkels, oder seines Nebenwinkels so schneide, daſs die zwischen den Durchschnittspunkten und zweyen in jenen Linien gegebenen Punkten enthaltenen Segmente eine gegebene Summe, oder eine gegebene Differenz haben.

Man sehe Apollonius de sect. rat. von Diesterweg, im Anhange pag. 205. sqq.

Aufgabe 78.

Durch einen, innerhalb, oder ausserhalb zweyer der Lage nach gegebenen parallelen geraden Linien gegebenen Punkt eine gerade Linie zu ziehen, so daſs die Summe, oder die Differenz der Quadrate der zwischen den Durchschnittspunkten mit diesen Linien und zweyen in denselben gegebenen Punkten gelegenen Segmente von gegebener Gröſse sey.

Man sehe Apollonius de sect. rat. von Diesterweg, im Anhange pag. 211. sqq.

Aufgabe 79.

Durch einen, auf der Halbirungslinie eines der Lage nach gegebenen Winkels, gegebenen Punkt eine gerade Linie zu ziehen, welche von den Schenkeln jenes Winkels Segmente abschneide, deren Summe der Quadrate von gegebener Gröfse sey.

Man sehe Apoll. de sect. rat. im Anhange pag. 213.

Aufgabe 80.

Durch einen, innerhalb, oder ausserhalb zweyer der Lage nach gegebenen parallelen geraden Linien, gegebenen Punkt eine gerade Linie zu ziehen, so dafs das Rechteck aus den Segmenten zwischen den Durchschnittspunkten mit jenen Linien und zweyen in denselben gegebenen Punkten von gegebener Gröfse sey.

Diese Aufgabe war mit der folgenden der Gegenstand der verlohren gegangenen Schrift des Apollonius von Perga de sectione spatii, welche der Verfasser dieses wieder herzustellen gedenkt.

Aufgabe 81.

Durch einen, innerhalb eines der Lage nach gegebenen Winkels, gegebenen Punkt eine gerade Linie zu ziehen, so dafs das Rechteck, welches aus den zwischen den Durchschnittspunkten mit den Schenkeln, oder den Schenkeln des Nebenwinkels, und zweyen in denselben gegebenen Punkten enthaltenen Segmenten gebildet wird, dem Quadrate einer gegebenen geraden Linie gleich sey.

Aufgabe 82. (*Fig.* 35.)

Durch einen, innerhalb eines der Lage nach gegebenen Winkels ABC, gegebenen Punkt O eine gerade Linie DE zu ziehen, so dafs das dadurch bestimmte Dreieck BDE dem Quadrate einer gegebenen geraden Linie α gleich sey.

Analysis.

Es sey $\triangle DBE$ das verlangte, so ist, wenn DFB=R, $\triangle DBF$ der Art nach (Dat. 43.), also das Verhältniſs

$$\left.\begin{array}{r} FD:DB \\ \text{(El. VI. 1.)}\ DF.BE:DB.BE \end{array}\right\}\ \text{gegeben,}$$

$$\text{folglich auch}\ \left.\begin{array}{c} \frac{1}{2}FD.BE \\ \frac{1}{2}\triangle DBE \\ \alpha^2 \end{array}\right\} : DB.BE$$

---

mithin DB.BE gegeben,

somit die Aufgabe auf die vorhergehende reducirt.

Anmerkung.

Wenn die Linie durch den Nebenwinkel des gegegegebenen Winkels gezogen werden soll, wie D^1E^1, so ist die Analysis dieselbe.

Aufgabe 83. (*Fig.* 36.)

Durch einen, innerhalb eines der Lage nach gegebenen Winkels ABC, gegebenen Punkt O eine gerade Linie LM zu ziehen, deren Segmente zwischen diesem Punkte und den Schenkeln jenes Winkels ein Rechteck bilden, welches dem Quadrate einer gegebenen geraden Linie α gleich sey.

Analysis.

Es sey LM die gesuchte Linie, so ist, wenn durch die Punkte B, L, M ein Kreis beschrieben, die gerade Linie BO gezogen und bis zum Durchschnitt D mit diesem Kreise verlängert wird,

$$DO\,.\,OB = \underbrace{LO\,.\,OM}_{\alpha^2} \text{ (El. III. 35.)}$$

$$\text{also } BO : \alpha = \alpha : DO \text{ (El. VI. 17.)}$$

folglich ist DO der Gröfse nach, und da sie auch der Lage nach gegeben ist, so ist der Punkt D gegeben.

Auch ist DLO=OBC (El. III. 21.)

also liegt der Punkt L auf einem der Lage und Gröfse nach gegebenem Kreisumfange, ist also, weil er auch auf der Linie BA liegt, gegeben, somit ist die Lage der geraden Linie LO, und der Punkt M gegeben.

Construction.

Man ziehe BO, mache BOE=R, $EO=\alpha$, BED=R, beschreibe über der geraden DO einen Kreisabschnitt, welcher eines Winkels =CBO fähig ist, und ziehe den Punkt L, in welchem der Umfang desselben mit AB zusammentrifft, mit O durch die gerade Linie LO, welche der Linie BC in M begegne, zusammen, so ist LM die gesuchte Linie.

Determination.

Wenn (Fig. 36. b.) G des Kreises Mittelpunkt ist, und GKB=R, so mufs, damit der Kreis die Linie AB erreiche, $OG \geqq GK$ seyn.

$$\text{Es ist } OF : FG = 1 : \cot.\underbrace{COB}_{\gamma},\ BF : FH = 1 : \tan.\underbrace{ABO}_{\beta}$$

$$\text{also } FG = OF\,.\,\cot.\gamma,\ FH = BF\,.\,\tan.\beta$$

$$\text{folglich } \underbrace{HF - FG}_{GH} = BF.\tan.\beta - OF\,.\,\cot.\gamma$$

$$\text{Ferner ist } \underbrace{HG}_{BF\,.\,\tan.\beta - OF\,.\,\cot.\gamma} : GK = 1 : \cos.\beta$$

$$\text{mithin } GK = BF\,.\,\sin.\beta - OF\,.\,\cos.\beta\,.\,\cot.\gamma$$

Endlich ist $FO : OG = \sin.\gamma : 1$

demnach $GO = \dfrac{FO}{\sin.\gamma}$

also muſs seyn $\dfrac{FO}{\sin.\gamma} \geqq BF.\sin.\beta - OF.\cos.\beta.\cot.\gamma$

folglich $FO \geqq BF.\sin.\beta.\sin.\gamma - OF.\cos.\beta.\cos.\gamma$

mithin $FO(1+\cos.\beta.\cos.\gamma) \geqq BF.\sin.\beta.\sin.\gamma$

somit $OF : FB \geqq \sin.\beta.\sin.\gamma : 1+\cos.\beta.\cos.\gamma$

demnach $BF : FO \leqq 1+\cos.\beta.\cos.\gamma : \sin.\beta.\sin.\gamma$

$$\text{also}\ \left.\begin{array}{r} BF+FO : BF-FO \\ DB : BO \\ \left.\begin{array}{r} DB.BO \\ BO^2+\left\{\begin{array}{c} BO.OD \\ \alpha^2 \end{array}\right\} \end{array}\right\} : BO^2 \end{array}\right\}$$

$$\leqq \left\{\begin{array}{l} 1+\cos.\beta.\cos.\gamma+\sin.\beta.\sin.\gamma : 1+\cos.\beta.\cos.\gamma-\sin.\beta.\sin.\gamma \\ 1+(\cos\,\gamma-\beta) : 1+\cos.(\gamma+\beta) \\ \qquad \overline{\cos.\frac{\gamma-\beta}{2}}^2 : \overline{\cos.\frac{\gamma+\beta}{2}}^2 \end{array}\right.$$

$$\text{folglich}\ \alpha^2 : BO^2 \leqq \left\{\begin{array}{l} \overline{\cos.\frac{\gamma-\beta}{2}}^2 - \overline{\cos.\frac{\gamma+\beta}{2}}^2 : \overline{\cos.\frac{\gamma+\beta}{2}}^2 \\ \qquad \sin.\gamma.\sin.\beta : \cos.\frac{ABC}{2} \end{array}\right.$$

Beweis.

Es ist $\alpha^2 : BO^2 \leqq \sin.\gamma.\sin.\beta : \cos.\dfrac{ABC}{2}$ (Det.)

also $OG \geqq GK$

wie aus der Determ. leicht erhellet, also berührt (Fig. 36. a.), oder schneidet (Fig. 36. b.) der Kreis die Linie AB.

$$\text{Ferner ist } DLO \Big\{ = DBM \quad DLM$$

folglich liegen die Punkte D, L, B, M auf dem Umfange eines Kreises, mithin ist

$$LO.OM = \begin{cases} BO.OD & \text{(El. III. 36.)} \\ OE^2 & \text{(El. VI. 4. 17.)} \\ \alpha^2. & \end{cases}$$

Zusatz 1.

Es erhellet von selbst, daſs es im Fall des Durchschnittes zwey Linien mit der gegebenen Eigenschaft giebt.

Zusatz 2.

Im Fall des Berührens ist $BLO = \begin{cases} BDL \\ BMO \end{cases}$

$$\overline{}$$

also $LB = BM$.

Zusatz 3.

Je gröſser α, desto gröſser wird OD, desto mehr rückt also der Mittelpunkt des Kreises über den Mittelpunkt Q des berührenden Kreises hinaus. Ist (Fig. 36. a.) H ein solcher, so ist $OQ = QL$

also $\overline{LOQ = QLO}$

folglich $\overline{LOQ < HLO}$

mithin $\overline{OH > HL}$.

Da auch wegen $QLA = R$, ein Perpendikel von H auf BA auf die Verlängerung von BL fällt, so schneidet der aus H als Mittelpunkt mit einem Radius =HO beschriebene Kreis die Verlängerung von AL, also bestimmt der Punkt L, für welchen LB= BA, ein kleineres Rechteck, als jeder andere Punkt der Linie BA. Auch bestimmt von zweyen, auf einerley Seite des Punktes L liegenden Punkten, der demselben näher liegende ein kleineres Rechteck, als der entferntere.

Zusatz. 4.

Macht man (Fig. 36. a.) ABP=PBC, OPB=R=PRB,

$$\text{so ist } OB : BP = 1 : \left\{\begin{matrix}\cos.OBP \\ \cos.\frac{\gamma-\beta}{2}\end{matrix}\right.$$

$$\text{Eben so ist } BR : PB = \left\{\begin{matrix}\cos.PBR \\ \cos.\frac{\gamma+\beta}{2}\end{matrix}\right\} : 1$$

$$\text{also } OB.BR : BP^2 = \cos.\frac{\gamma+\beta}{2} : \cos.\frac{\gamma-\beta}{2}$$

$$\text{folglich } OB.BR : BP^2 \leqq \left\{\begin{matrix}BO : \dfrac{\sqrt{BO^2+\alpha^2}}{BE} \\ OB.BR : RB.BE\end{matrix}\right.$$

$$\text{mithin } BP^2 \geqq RB.BE.$$

Zusatz 5.

Wenn O auf der Halbirungslinie des Winkels ABC liegt, also $\gamma=\beta$ ist, so ist

$$\sin.\gamma = \sin.\beta$$

$$\text{also } \sin.\gamma.\sin.\beta = \overline{\sin.\tfrac{1}{2}ABC}^2$$

$$\text{folglich } \alpha^2 : BO^2 \geqq \overline{\sin.\tfrac{1}{2}ABC}^2 : \overline{\cos.\tfrac{1}{2}ABC}^2$$

$$\geqq \overline{\tan.\tfrac{1}{2}ABC}^2 : 1$$

mithin $\alpha : BO \gtreqless \tan.\frac{1}{2}ABC : 1$

somit $\alpha \gtreqless \begin{cases} BO.\tan.\frac{1}{2}ABC \\ OL, \text{ wenn } BOL = R. \end{cases}$

Anmerkung.

Auf ganz ähnliche Weise wird die Aufgabe behandelt, wenn der Punkt O in dem Nebenwinkel des gegebenen Winkels liegt.

Aufgabe 84.

Durch einen, auf der Halbirungslinie eines der Lage nach gegebenen Winkels, gegebenen Punkt eine gerade Linie zu ziehen, deren zwischen die Schenkel des Winkels, oder des Nebenwinkels desselben, fallendes Segment einer gegebenen geraden Linie gleich sey.

Diese Aufgabe ist aufgelöfst in der Schrift: die Bücher des Apollonius von Perga de inclinationibus, frey bearbeitet von Diesterweg, Berlin 1823. pag. 41. sq.

Aufgabe 85.

Von dem Endpunkte eines der Lage und Gröfse nach gegebenen Kreisdurchmessers eine gerade Linie zu ziehen, deren zwischen den anderen Durchschnitt mit dem Kreisumfange, und ein auf jenem Durchmesser errichtetes Perpendikel, oder einen anderen Kreisumfang, dessen Durchmesser mit jenem Durchmesser in derselben Linie liegt, fallendes Segment von gegebener Gröfse sey.

Mit dieser Aufgabe beschäftigte sich Apollonius in der Schrift de inclinationibus. Man sehe die eben angegebene Bearbeitung derselben.

Aufgabe 86. (*Fig.* 37.)

Ein gegebenes Dreieck ABC durch die kleinstmögliche gerade Linie in zwey Theile zu theilen, deren Verhältnifs dem gegebenen Verhältnifse p : q gleich sey.

Analysis.

Es sey xz die gesuchte Theilungslinie, so ist

$$\triangle Axz : zxBC = p : q$$

$$\text{also } \triangle Axz : \triangle ABC = p : p+q$$

folglich ist $\triangle Axz$ der Gröfse nach gegeben.

Es ist xA . Az : $\triangle Axz$ gegeben (Dat. 62.)

mithin ist auch xA . Az der Gröfse nach gegeben.

Ferner ist zA : Ah = 2zA . Ax : 2Ah . Ax (El. VI. 1.)

Da zA : Ah gegeben ist (Dat. 43.), wenn Ahz = R, so ist 2hA . Ax gegeben.

Da $xz^2 = Ax^2 + Az^2 - 2xA . Ah$ (El. II. 13.), so ist xz^2 ein kleinstes, wenn $Ax^2 + Az^2$ am kleinsten, oder, weil $Ax^2 + Az^2 = (Ax + Az)^2 - 2xA . Az$, wenn $(Ax + Az)^2$, also, wenn Ax + Az am kleinsten, mithin wenn, bey dem gegebenen Flächenraume xA . Az, Ax = Az ist.

Aufgabe 87. (*Fig.* 38.)

Von einem, in der Seite AB des der Art und Gröfse nach gegebenen Dreieckes ABC, gegebenen Punkte D eine gerade Linie DE zu ziehen, welche eine der anderen und die Verlängerung der dritten in den Punkten x, E so schneide, dafs, wenn x, E die Durchschnitte mit BC und der verlängerten AC, oder mit AC und der verlängerten BC bezeichnen, das Verhältnifs DE . Ex : BC . Cx dem gegebenen Verhältnifse p : q gleich sey.

Analysis.

Es sey DE die gesuchte Linie, so ist, wenn die gerade Linie α so bestimmt wird, daſs $p:q = \alpha : BC$,

$$DE \,.\, Ex : BC \,.\, Cx = \begin{cases} \alpha : BC \\ \alpha \,.\, Cx : BC \,.\, Cx \text{ (El. VI. 1.)} \end{cases}$$

$$\text{also } DE \,.\, Ex = \alpha \,.\, Cx$$

$$\text{folglich } \alpha : DE = \begin{cases} Ex : xC \text{ (El. VI. 17.)} \\ ED : DG, \text{ wenn } DG \parallel BC; \end{cases}$$

mithin ist DE der Gröſse, somit auch (Dat. 34.) der Lage nach gegeben.

Construction.

Man mache $CH \parallel AB$, $DH \parallel BC$, $DP = p$, $DQ = q$, $PK \parallel QH$, $DGM = R$, beschreibe über DK einen Halbkreis, welcher die Linie GM in M schneide, ziehe die gerade Linie DM, und beschreibe aus D als Mittelpunkt mit einem Radius $= DM$ einen Kreis, welcher die Linie AC, oder ihre Verlängerung, in E schneide, so ist DE die gesuchte Linie.

Determination.

Damit der aus D mit dem Radius DM beschriebene Kreis die Linie AC, oder ihre Verlängerung, erreiche,

$$\text{muſs } MD \geqq DL \text{ seyn, wenn } DLA = R$$

$$\text{also } \left.\begin{matrix} MD^2 \\ GD \,.\, DK \end{matrix}\right\} \geqq DL^2 \qquad \text{(El. VI. 8. 17.)}$$

$$\text{folglich } \left.\begin{matrix} GD.DK : GD.DH \\ KD : DH \\ p : q \end{matrix}\right\} \geqq LD^2 : \begin{cases} GD \,.\, DH \\ GD \,.\, BC \end{cases}$$

Beweis.

$$\left.\begin{array}{r} \text{Es ist } p:q \\ KD:DH \\ \text{(El. VI. 1.) } GD.DK:GD.DH \end{array}\right\} \geqq LD^2:GD.BC \text{ (Det.)}$$

$$\text{also } \left.\begin{array}{c} GD.DK \\ DM^2 \end{array}\right\} \geqq LD^2 \text{ (El. V. 10.)}$$

$$\text{folglich } DM \geqq LD$$

mithin berührt, oder schneidet der Kreis die Linie AC, oder ihre Verlängerung.

$$\text{Ferner ist } KD : \left\{\begin{array}{c} DM \\ DE \end{array}\right\} = \left\{\begin{array}{l} MD:DG \text{ (El. VI. 8.)} \\ ED:DG \\ Ex:xC \end{array}\right.$$

$$\text{also } DE.Ex = KD.Cx \text{ (El. VI. 16.)}$$

$$\text{folglich } DE.Ex:BC.Cx = \left\{\begin{array}{l} KD.Cx:BC.Cx \\ KD: \left\{\begin{array}{l} BC \\ DH \end{array}\right. \\ p:q \end{array}\right.$$

Zusatz 1.

Der Berührungspunkt L bestimmt ein kleineres Verhältnifs, als jeder andere Punkt der Linie AC, oder ihrer Verlängerung, und jeder demselben näher liegende ein kleineres, als der entferntere.

Zusatz 2.

Es erhellet von selbst, dafs es im Fall eines Durchschnittes eine zweite Linie E^1x^1 mit der gegebenen Eigenschaft giebt.

Aufgabe 88. (*Fig.* 39. b.)

Von zwey, in einer der Lage nach gegebenen geraden Linie AB, gegebenen Punkten A, B, zu einem Punkt C einer der Lage nach gegebenen, mit AB nicht parallelen, geraden Linie GQ gerade Linien zu ziehen, deren Summe der gegebenen geraden Linie S gleich sey.

Analysis.

Angenommen, der Punkt C sey der verlangte, so daſs

$$BC+CA=S$$

---

so ist $(BC+CA)(BC-CA)$ = $(BC-CA)S$

(El.II.5.) BC^2-CA^2 = $(S-2CA)S$

(El.I.47.) BE^2-EA^2 = $S^2 - 2CA.S$

$(BE+EA)(BE-EA)$ = S^2 w.CEA R;

$2AB.EE$ = $2DM.AB$ (El. VI. 17.

wenn $2AB:S=S:DM$;

---

also $2CA.S=2EM.AB$

---

folglich $CA.S=EM.AB$

---

mithin $BA:AC = S:EM$ (El. VI. 16.)

$= IM:EM$ wenn $IM=S$;

$= KH:HC$ (El. VI. 2.),

wenn $KIM=R=HMI$;

---

somit $BA:KH = AC:CH$

$= LK:KH$ (El. VI. 4.),

wenn $KL \# AC$;

---

demnach $BA=LK$

also ist KL der Gröſse nach gegeben. Da DM der Gröſse nach (Dat. 2.), also der Punkt M (Dat. 30.), da auch MI der Gröſse und Lage nach, folglich der Punkt I, somit auch der Punkt K (Dat. 32. 28.) gegeben ist, so ist, wegen der gleichfalls der Lage nach gegebenen geraden Linie AH (Dat. 32. 28.), auch die Lage der geraden Linie KL (Dat. 34.), somit die gerade Linie AC der Lage nach, mithin der Punkt C gegeben.

Construction.

Man mache $AD = DB$, $QB = 3DB$, $QDO = R$, $OD = S$, $QOM = R$, $MI = S$, $MIK = IMH = R$, beschreibe aus dem Durchschnitte K der Linie IK mit NC als Mittelpunkt mit einem Radius $= AB$ einen Kreis, welcher der durch A und den Durchschnitt H der Linie HM mit KC gezogenen geraden Linie AH in L begegne, und ziehe KL, auch $AC \parallel KL$, so ist der Durchschnitt C der Linie AC mit CN der gesuchte Punkt.

Determination.

Damit der aus K beschriebene Kreis der Linie AH begegne, muſs $AB \geqq KP$ seyn, wenn $KPH = R$.

Nun ist $HK : \left\{\begin{matrix} KV \\ IM \\ S \end{matrix}\right\} = 1 : \sin.KHV$, wenn $KV \parallel AB$ und $MV \parallel IK$;

$$\text{Auch ist } PK : KH = \sin.PHK : 1$$

$$\text{also } PK : S = \sin.PHK : \sin.KHV$$

$$\text{folglich } AB : S \geqq \sin.PHK : \left\{\begin{matrix} \sin.KHV \\ \cos.\ HNM \end{matrix}\right.$$

in welcher Proportion sin.PHK aus den gegebenen Gröſsen leicht ausgedrückt werden kann.

Beweis.

$$\text{Es ist } AB : S \geqq \sin.PHK : \cos.HNM \text{ (Det.)}$$

$$\text{Da aber } HK : S = 1 : \left\{\begin{matrix} \sin.KHV \\ \cos.HNM \end{matrix}\right.$$

$$\text{und } PK : KH = \sin.PHK : 1$$

$$\text{also } PK : S = \sin.PHK : \cos.HNM$$

$$\text{so ist } AB : S \geqq PK : S$$

$$\text{folglich } AB \geqq PK$$

mithin berührt, oder schneidet der aus K beschriebene Kreis die Linie AP. Und wenn L ein Punkt des Zusammentreffens ist, so ist

$$\begin{aligned} BA : KH &= LK : KH \\ &= AC : CH \quad \text{(El. VI. 4.)} \end{aligned}$$

$$\begin{aligned} \text{also } BA : AC &= KH : HC \\ &= \left\{ \begin{matrix} IM \\ S \end{matrix} \right\} : ME \end{aligned}$$

$$\text{folglich } CA \, . \, S = BA \, . \, ME$$

$$\text{somit } 2CA \, . \, S = 2BA \, . \, ME$$

$$\text{demnach } \left. \begin{matrix} 2DM \, . \, AB - 2BA \, . \, ME \\ 2BA \, . \, DE \\ BC^2 - CA^2 \\ (BC+CA)(BC-CA) \end{matrix} \right\} = \left\{ \begin{matrix} S^2 - 2CA \, . \, S \\ (S-2CA)S \end{matrix} \right.$$

$$\text{also } BC - CA : S - 2AC = S : BC + CA$$

$$\text{mithin } BC - CA + S : BC - CA + S = S : BC + CA$$

$$\text{folglich } S = BC + CA.$$

Zusatz.

Es erhellet von selbst, daſs es im Fall eines Durchschnittes einen zweiten Punkt C mit der gegebenen Eigenschaft giebt.

Anmerkung 1.

Wenn statt der Summe der Linien BC, CB die Differenz derselben gegeben ist, so läſst sich die Aufgabe auf ganz ähnliche Weise auflösen.

Anmerkung 2.

Eine andere Behandlung derselben Aufgabe theilt Herr Eschweiler in folgender Aufgabe mit.

Aufgabe 89. (*Fig.* 39. b. c. d. e.)

Auf einer gegebenen Grundlinie AB ein Dreieck zu construiren, dessen beide übrige Seiten zusammen der gegebenen Linie M gleich sind, und dessen Scheitel auf einer der Lage nach gegebenen geraden Linie KL liegt.

Analysis.

Fürs erste ist klar, dafs die gegebene Linie M nicht kleiner, als die kleinste Summe zweyer Linien seyn darf, die von A und B nach einem Punkte von KL gezogen werden können. Schneidet KL die Grundlinie AB, so dafs (Fig. 39. c.) A und B zu verschiedenen Seiten von KL liegen, so ist die Linie AB selbst diese kleinste Summe, in diesem Falle mufs also M>AB seyn; liegen aber (Fig. 39. b.) A und B auf derselben Seite von KL, so fälle man aus einem dieser Punkte, z. E. A, eine senkrechte AE auf KL, verlängere sie über E um ED=EA, und verbinde D mit B, so ist DB die kleinste in Rede stehende Summe, und es darf also M nicht kleiner, als DB seyn; ist nun M=DB, so verbinde man den Punkt P, wo DB die KL trifft, mit A, und APB wird das verlangte Dreieck seyn. Denn da △AEP≌△DEP, so ist AP=DB, also AP+PB=BD=M. Ist aber M>DB, so liegt der Scheitel des gesuchten Dreiecks irgendwo anders auf KL, als in P. C sey dieser Scheitel, also ACB das verlangte Dreieck. Man verlängere CB um CF=CA, so ist BF=M gegeben, und also auch der aus C mit einem Halbmesser BF=M beschriebene Kreis. Da AC=CD und AC=CF, so ist auch CD=CF; die Punkte F, D, A liegen also auf dem Umfange eines aus C durch diese Punkte beschriebenen Kreises, welcher, da F, C, B in gerader Linie liegen, den ersten aus B beschriebenen Kreis in F berührt; zieht man daher an F die Tangente OF, welche die verlängerte AD in O trifft, so ist $OF^2 = OA \times OD$. Von O ziehe man eine beliebige Sekante OGH in den mit BF beschriebenen Kreis, so ist auch $OF^2 = OG \times OH$; daher $OA \times OD = OG \times OH$; folglich liegen die vier Punkte A, D, G, H auf der Peripherie eines Kreises, dessen Mittelpunkt auf KL liegt, übrigens aber willkührlich ist, wofern nur dieser Kreis den ersten schneidet. Durch ihn ist der Punkt O gegeben; hiedurch die Tangente OF, der Punkt F, die Linie FB und der Scheitel C.

Construction.

Aus einem der beiden Endpunkte der gegebenen Grundlinie, z. B. A, fälle man eine senkrechte AE auf die gegebene KL, verlängere sie um $ED = EA$, beschreibe hierauf aus dem anderen Endpunkte B der Grundlinie mit der gegebenen M als Halbmesser einen Kreis. Da (Fig. 39. b.) $M > BD$, so liegt D in diesem Kreise, um so viel mehr noch A, weil $BD = BP + PA > AB$. In Fig. 39. c. ist $M > AB$, also liegt A im Kreise, um so viel mehr auch D, weil $AB (= DQ + QB) > DB$. In allen Fällen liegen daher die Punkte A und D in dem aus B mit M beschriebenen Kreise. Nun beschreibe man einen beliebigen Kreis durch die beiden Punkte A und D, welcher den ersten Kreis in zwey Punkten G und H schneidet. Um des Durchschnitts gewiſs zu seyn, nehme man den Punkt I, wo KL den ersten Kreis trifft, oder irgend einen andern Punkt auf KL, welcher ausser diesem Kreise liegt, zum Mittelpunkt, verbinde die Punkte G, H, und verlängere GH bis zu ihrem Durchschnitt mit AD in O, aus O ziehe man an den mit M beschriebenen Kreis die Tangente OF, oder OF^1 (welches möglich ist, weil der Punkt O nothwendig ausserhalb des Kreises fällt); endlich verbinde man F oder F^1 mit B, so ist der Punkt C oder C^1, worin KL von FB und F^1B geschnitten wird, der Scheitel des verlangten Dreiecks.

Beweis.

Da OGH und ODA zwey Sekanten am Kreise GHDA sind, so ist $OA \times OD = OG \times OH$ (El. III. 36.); und da OF eine Tangente am Kreise FGH ist, OGH aber eine Sekante an eben diesem Kreise, so ist auch $OF^2 = OG \times OH$ (El. III. 36.); daher ist $OF^2 = OA \times OD$. Folglich wird ein durch F, A, D gezogener Kreis die Linie OF in F berühren, und da FB senkrecht auf OF steht, so wird der Mittelpunkt dieses Kreises auf FB liegen; aber derselbe muſs auch auf KL liegen, weil KL auf der Sehne AD in deren Mitte senkrecht steht, daher ist der Punkt C, worin KL und FB sich treffen, der Mittelpunkt des durch F, A und D gehenden Kreises. Es ist also $CF = CA$, daher $BC + CA = BC + CF = BF = M$. Derselbe Beweis ist auf das Dreieck ABC^1 anwendbar. Die Dreiecke ABC und ABC^1 genügen also beide der Aufgabe.

Zusatz.

Wäre statt der Summe von AC und CB der Unterschied dieser Seiten gegeben, so ändert dies in der Auflösung nichts, nur in der Determination ist eine kleine Verschiedenheit. Ist $AC - CB$, oder $CB - AC = M$, so wird immer aus B mit dem Halbmesser M, wie in der vorigen Aufgabe, ein Kreis zu beschreiben seyn. Liegen A und B auf derselben Seite von KL, wie in Fig. 39. d., so ist der gröſste Unterschied, den aus A und B nach einem Punkte von KL gezogene Linien haben können, die Linie AB selbst. In diesem Falle muſs also M<AB seyn. Liegen aber A und B zu verschiedenen Seiten von KL (Fig. 39. e.), so ist DB der gröſste Unterschied, den zwey von A und B nach einem Punkt von KL gezogene gerade Linien haben können; es muſs also für diesen Fall M<DB seyn.

Aufgabe 90. (*Fig.* 39.)

Von zwey, in einer der Lage nach gegebenen geraden Liine, gegebenen Punkten A, B, zu einem Punkte C einer der Lage nach gegebenen geraden Linie CE gerade Linien zu ziehen, deren Verhältniſs dem Verhältniſse der ungleichen geraden Linien p, q gleich sey.

Analysis.

Es sey C der gesuchte Punkt, so liegt derselbe (siehe Apoll. ebene Oerter Buch 2. Satz 2. Fall 2.) auf einem der Lage nach gegebenen Kreisumfange. Da er auch auf der Linie EC liegt, so liegt er im Durchschnittspunkte beider Oerter, ist also gegeben.

Construction.

Man lege durch A, B die Parallellinien AF, GBH, mache AF=p, HB=BG=q, ziehe die die Linie AB und ihre Verlängerung in K, D schneidenden geraden Linien GF, FH, und beschreibe über KD einen Halbkreis. Der Punkt C, in welchem derselbe die Linie EC erreicht, ist der verlangte.

Determination.

Damit der Kreis die Linie EC erreiche, mufs $OK \overline{>} OQ$ seyn, wenn von dem Mittelpunkte des Kreises ein Perpendikel OQ auf EC gefällt wird.

$$\text{Nun ist } AK:KB = \begin{cases} AF:BG \text{ (El. VI. 4.)} \\ p:q \end{cases}$$

$$\text{also } AB:BK = p+q:q$$

$$\text{Auch ist } AD:DB = \begin{cases} AF:BH \\ p:q \\ AK:KB \end{cases}$$

$$\text{folglich } \left.\begin{matrix} KD:2OB \\ KO:OB \end{matrix}\right\} = p:q$$

$$\text{mithin } BK:KO = p-q:p$$

$$\text{somit } AB:KO = p^2-q^2:pq$$

$$\text{Ferner ist } AK:KB = KO:OB$$

$$\text{demnach } KO:OA = q:p$$

$$\text{also } BA:AO = p^2-q^2:p^2$$

$$\text{folglich } AO = \frac{p^2}{p^2-q^2}AB$$

$$\text{mithin } \left.\begin{matrix} EA+AO \\ EO \end{matrix}\right\} = EA + \frac{p^2}{p^2-q^2}AB$$

$$= \frac{m^2+p^2}{p^2-q^2}AB, \text{ wenn } \frac{m^2}{p^2-q^2}AB = AE;$$

$$\text{Endlich ist } \left.\begin{matrix} EO \\ \frac{m^2+p^2}{p^2-q^2}AB \end{matrix}\right\} : OQ = 1 : \sin.E$$

$$\text{also } OQ = \frac{m^2+p^2}{p^2-q^2}AB.\sin.E.$$

Folglich mufs seyn $AB : \frac{m^2+p^2}{p^2-q^2} \sin.E . AB \overline{\gtrless} p^2-q^2 : pq$

mithin $1 : (m^2+p^2)\sin.E \overline{\gtrless} 1 : pq$

somit $(m^2+p^2)\sin.E \overline{\lessgtr} pq$.

Beweis.

Es ist $(m^2+p^2)\sin.E \overline{\lessgtr} pq$

also erreicht der Kreis die Linie EC, wie aus der Determination leicht hervorgehet. Und es ist

$$AC : CB = p : q$$

wie aus Apollonius l. c. erhellet.

Zusatz.

Es ergiebt sich von selbst, dafs es im Fall des Durchschnittes des Kreises mit der Linie EC zwey Punkte mit der gegebenen Eigenschaft giebt.

Aufgabe 91. (*Fig.* 39. g.)

Von zwey, in einer der Lage nach gegebenen geraden Linie, gegebenen Punkten A, B zu einem Punkte C einer der Lage nach gegebenen, der Linie AB nicht perallelen, geraden Linie CH gerade Linien zu ziehen, deren Summe der Quadrate dem Quadrate der gegebenen geraden Linie α gleich sey.

Analysis.

Es sey C der gesuchte Punkt, so ist, wenn CEA=R, BD=DA gemacht, und die gerade Linie CD gezogen wird, $\underbrace{AB^2+CB^2}_{\alpha^2} = 2AD^2+2DC^2$, wie zu Aufg. 5.

also $\frac{\alpha^2 - 2AD^2}{2} = CD^2$

folglich ist CD gegeben, und der Punkt C liegt auf dem Umfange des aus D als Mittelpunkt mit einem Radius $= DC$ beschriebenen Kreises, ist mithin (Dat. 28.) gegeben.

Determination.

Damit der Kreis die Linie AC erreiche, muſs $CD \geqq DM$ seyn, wenn $DMH = R$.

$$\text{Nun ist } HD : DM = 1 : \sin.H$$

$$\text{also muſs seyn } HD : DC \leqq 1 : \sin.H$$

$$\text{folglich} \left.\begin{array}{r} HD^2 : DC^2 \\ 2HD^2 : \left\{\begin{array}{c} 2DC^2 \\ \alpha^2 - 2AD^2 \end{array}\right\} \end{array}\right\} \leqq 1 : \overline{\sin.H}^2$$

Construction und Beweis

ergeben sich aus dem vorhergehenden sehr leicht.

Zusatz. 1.

Es erhellet von selbst, daſs es in dem Falle des Durchschnittes des Kreises mit der Linie AC zwey Punkte mit der gegebenen Eigenschaft giebt.

Zusatz 2.

$$\text{Da } DM < DC$$

$$\text{also } 2DM^2 < 2DC^2$$

$$\text{folglich} \left.\begin{array}{c} 2DM^2 + 2AD^2 \\ AM^2 + MB^2 \end{array}\right\} < \left\{\begin{array}{c} 2CD^2 + 2AD^2 \\ AC^2 + CB^2 \end{array}\right.$$

so bestimmt der Punkt M eine kleinere Quadratsumme der Entfernungen dieses Punktes von den Punkten A, B, als jeder andere Punkt der Linie HC.

Zusatz 3.

Für einen Punkt G derselben Linie ist

$$DG > DC, \text{ wenn } GM > MC;$$

$$\text{also } 2DG^2 > 2DC^2$$

$$\text{folglich } \left.\begin{matrix} 2DG^2 + 2AD^2 \\ AG^2 + GB^2 \end{matrix}\right\} > \left\{\begin{matrix} 2CD^2 + 2AD^2 \\ AC^2 + CB^2 \end{matrix}\right.$$

mithin bestimmen die von dem Punkte M entfernter liegenden Punkte der Linie AC gröſsere Quadratsummen, als die näheren.

Aufgabe 92. (*Fig.* 39. *g.*)

Von zwey, in einer der Lage nach gegebenen geraden Linie, gegebenen Punkten A, B, zu einem Punkte C einer der Lage nach gegebenen geraden Linie HC gerade Linien zu ziehen, deren Differenz der Quadrate dem Quadrate der gegebenen geraden Linie α gleich sey.

Analysis.

Es sey C der gesuchte Punkt, so ist, wenn CEB=R,

$$CB^2 - BE^2 = \left\{\begin{matrix} CE^2 \\ CA^2 - AE^2 \end{matrix}\right.$$

$$\text{also } \left.\begin{matrix} BC^2 - CA^2 \\ \alpha^2 \end{matrix}\right\} = \left\{\begin{matrix} BE^2 - EA^2 \\ (BE + EA)(BE - EA) \\ 2BA \, . \, ED, \text{ wenn } BD = DA; \end{matrix}\right.$$

$$\text{folglich } 2BA : \alpha = \alpha : ED$$

mithin ist DE, und, wegen des rechten Winkels BEC, die Lage der geraden Linie EC, somit der Durchschnitt derselben mit der Linie HC gegeben.

Construction und Beweis

ergeben sich aus dem Gesagten von selbst.

Aufgabe 93. (*Fig.* 39. h.)

Ein der Art und Gröfse nach gegebenes Dreieck ABC an ein anderes, gleichfalls der Art und Gröfse nach gegebenes, Dreieck abc so zu legen, dafs die Winkelspitzen des letzteren auf die Seiten des ersteren, oder ihre Verlängerungen, fallen.

Analysis.

Angenommen, es sey geschehen, so liegen die Punkte A, B, weil sowohl ba und CAB, als bc und ABC gegeben sind, auf den Bogen zweyer der Gröfse und Lage nach gegebenen Kreisabschnitte. Verbindet man die Mittelpunkte D, E der Kreise durch eine gerade Linie DE, fällt auf AB die Perpendikel DF, EG, und zieht DH♯AB, welche der, wo nöthig, verlängerten GE in H begegne, so ist DH=FG (El. I. 33.)

$= \frac{1}{2}$AB (El. III. 3.)

also ist DH der Gröfse nach gegeben. Da auch DE der Gröfse und Lage nach gegeben, und DHE=R ist, so ist EDH (Dat. 46.), also die Linie DH der Lage nach, somit auch die derselben durch den Punkt b parallel liegende AB der Lage nach gegeben. Da auch die Punkte A, B (Dat. 28.), und die Punkte a, c (p. hyp.) gegeben sind, so sind die Linien AC, CB der Lage nach gegeben, mithin ist die Lage des Dreieckes ABC gegeben.

Construction.

Man beschreibe nach El. III. 33. über den Linien ab, bc die der Winkel A, B fähigen Kreisabschnitte, und über der, die Mittelpunkte D, E verbindenden, geraden Linie DE als Durchmesser einen Kreis, lege in denselben die Sehne $DH = \frac{1}{2}AB$, ziehe durch den Punkt b die Linie AB ‡ DH, welche den Kreisbogen über ab, bc in A, B begegne, und ziehe durch A, a, und B, c, die einander in C schneidenden geraden Linien AC, CB, so ist das verlangte geschehen.

Determination.

Damit die Sehne $DH = \frac{1}{2}AB$ in den Kreis gelegt werden könne, muſs $\frac{1}{2}AB \overline{\overline{<}} DE$ seyn.

Nun ist $Db : \begin{Bmatrix} bk \\ \frac{1}{2}ab \end{Bmatrix} = 1 : \sin.A$, wenn $DKb = R$;

$$\text{also } Db = \frac{ab}{2\sin.A}$$

Ferner ist $Eb : \begin{Bmatrix} bL \\ \frac{1}{2}bc \end{Bmatrix} = 1 : \sin.B$, wenn $ELb = R$;

$$\text{also } Eb = \frac{bc}{2\sin.B}$$

$$\text{foglich ist } DE^2 = \frac{ab^2}{4\sin.A^2} + \frac{bc^2}{4\sin.B^2} - \frac{2ab.bc}{4\sin.A.\sin.B} \begin{Bmatrix} \cos.DE^2 \\ \cos.(R-A+R-B+abc) \\ \cos.(2R-(A+B)+abc) \\ \cos.(C+abc) \end{Bmatrix}$$

mithin mufs seyn

$$\tfrac{1}{4}AB^2 \leqq \frac{ab^2}{4\overline{\sin.A}^2} + \frac{bc^2}{4\overline{\sin.B}^2} - \frac{2ab.bc.\cos.(C+abc)}{4\sin.A.\sin.B}$$

somit $AB^2\overline{\sin.A}^2.\overline{\sin.B}^2 \leqq ab^2\overline{\sin.B}^2 + bc^2\overline{\sin.A}^2$
$- 2ab.bc.\cos.(C+abc)\sin.A.\sin.B.$

Wenn $C+abc=R$, so mufs seyn

$$AB^2\overline{\sin.A}^2.\overline{\sin.B}^2 \leqq ab^2\overline{\sin.B}^2 + bc^2\overline{\sin.A}^2$$

$$\text{also } AB^2 \leqq \frac{ab^2}{\overline{\sin.A}^2} + \frac{bc^2}{\overline{\sin.b}^2}$$

Wenn $C+abc=2R$, so mufs seyn

$$AB^2\overline{\sin.A}^2\overline{\sin.B}^2 \leqq ab^2\overline{\sin.B}^2 + bc^2\overline{\sin.A}^2 + 2ab.bc\sin.A.\sin.B$$

also $AB.\sin.A.\sin.B \leqq ab.\sin.B + bc.\sin.A$

$$\text{folglich } AB \leqq \frac{ab}{\sin.A} + \frac{bc}{\sin.B}.$$

Beweis.

Es ist $AB^2\overline{\sin.A}^2\overline{\sin.B}^2 \leqq ab^2\overline{\sin.B}^2 + bc^2.\overline{\sin.A}^2$
$-2ab.bc.\cos.(C+abc)\sin.A.\sin.B$ (Det.)

also ist $\tfrac{1}{2}AB \leqq DE$, wie aus der Determ. leicht hervorgehet.

Ferner ist $AB=2FG$
$=2DH$

also ist AB von der gegebenen Länge. Da die Winkel der über ab, bc beschriebenen Kreisabschnitte den Winkeln eines gegebenen Dreieckes gleich sind, so ist $A+B<2R$, also schneiden sich Aa, Bc. Auch sind die Winkel A, B Winkel der Kreisabschnitte, also hat das Dreieck ABC die gegebenen Eigenschaften.

Zusatz 1.

Da, wenn $\frac{1}{2}AB < DE$, von D aus eine zweite Sehne $= \frac{1}{2}AB$ in den über DE beschriebenen Halbkreis gelegt werden kann, so bestimmt dieselbe eine zweite Lage der Linie AB, und des ganzen Dreieckes ABC.

Zusatz 2.

Da auf ab, bc auch Kreisabschnitte, der Winkel B, A fähig, beschrieben werden können, so werden dadurch zwey andere Lagen des Dreieckes ABC bestimmt.

Zusatz 3.

Da durch den Punkt b auch jede der anderen Seiten des Dreieckes ABC gelegt werden kann, so läſst sich das Dreieck ABC zwölfmal nach den Bedingungen der Aufgabe um das Dreieck legen, in so fern die dazu gehörigen Bestimmungen bei einem Dreiecke Statt finden.

Aufgabe 94. (*Fig.* 39. i.)

In ein, der Lage und Gröſse nach, gegebenes Dreieck abc ein zweites, welches einem, der Lage und Gröſse nach, gegebenen Dreiecke $\delta\varepsilon\varphi$ congruent sey, so zu legen, daſs die Winkelpunkte des letzteren auf die Seiten des ersteren fallen.

Analysis.

Gesetzt, die Punkte d, e, f seyen so gefunden, daſs $\triangle def \cong \delta\varepsilon\varphi$, so beschreibe man um dae und efb Kreise, ziehe die Durchmesser eu, em, so wie die gerade Linie um. Nun ist $\triangle deu$ der Gröſse und Art nach gegeben, weil $de = \delta\varepsilon$, $ude = R$, $due = a$. Eben so ist $\triangle fem$ der Gröſse und Art nach gegeben, also ist sowohl ued, als fem, folglich uem, mithin △uem der Art und Gröſse nach, somit eum gegeben. Da (El. I. 33.) up=ab, und mpu=R (El. I. 29.), so ist △ump der Art nach (Dat. 46.), also pum, somit rue gegeben. Folglich ist △rue der Art nach (Dat. 43.), und, wegen der gegebenen Seite ue, der Gröſse nach, somit ist ur, mithin ae der Gröſse nach, also der Punkt e, und mit ihm sowohl der Punkt d, als der Punkt f gegeben.

Construction.

Man mache bag=bac, bat=R, ta=$\delta\varepsilon$, tg#ab, hgk=ε, gk=$\varepsilon\varphi$, kgl=R—b, gkl=R, ziehe die gerade Linie al, beschreibe über al einen Halbkreis, und aus a als Mittelpunkt mit einem Radius =ab einen Kreis. Von a ziehe man zu dem Punkte s, in welchem beide Kreise einander erreichen, die gerade Linie as, beschreibe über ag einen Halbkreis, dessen Umfang der Linie as in n begegne, ziehe die gerade Linie gn, mache ea=an, gz#an, ax#hz, zx#ah, da=ax, ziehe die gerade Linie de, mache def=hgk, und ziehe die gerade Linie fd, so ist △def das gesuchte.

Determination.

Damit der Kreis mit ab den über al erreiche, muſs seyn

$$\left.\begin{matrix}as\\ab\end{matrix}\right\}\overline{\overline{<}}\,al.$$

$$\text{Es ist ag}:\left\{\begin{matrix}gh\\ \delta\varepsilon\end{matrix}\right\}=1:\sin.a$$

$$\text{also ag}=\frac{\delta\varepsilon}{\sin.a}$$

$$\text{Es ist gl}:\left\{\begin{matrix}gk\\ \varepsilon\varphi\end{matrix}\right\}=1:\sin.b$$

also $gl = \frac{\varepsilon\varphi}{\sin.b}$.

Ferner ist $agl = \left\{\begin{matrix} agh \\ R-a \end{matrix}\right\} + \left\{\begin{matrix} hgk \\ \varepsilon \end{matrix}\right\} + \left\{\begin{matrix} kgl \\ R-b \end{matrix}\right\}$

$= \varepsilon + 2R - (a+b)$

$= \varepsilon + c.$

Da $\overline{al}^2 = \overline{ag}^2 + \overline{gl}^2 - 2ag.gl.\cos.agl$ (Diest. Trigon. Lehrs. 14.) so muſs also seyn

$$\overline{ab}^2 \overset{=}{<} \frac{\overline{\delta\varepsilon}^2}{\sin.a^2} + \frac{\overline{\varepsilon\varphi}^2}{\sin.b^2} - \frac{2\delta\varepsilon\,.\,\varepsilon\varphi\,.\,\cos.(\varepsilon+c)}{\sin.a\,.\,\sin.b}$$

Beweis.

$$\text{Es ist } \overline{ab}^2 \overset{=}{<} \left\{\begin{matrix} \frac{\overline{\delta\varepsilon}^2}{\sin.a^2} + \frac{\overline{\varepsilon\varphi}^2}{\sin.b^2} - \frac{2\delta\varepsilon.\varepsilon\varphi.\cos.(\varepsilon+c)}{\sin.a.\sin.b} \\ \overline{al}^2 \end{matrix}\right. \text{(Det.)}$$

---

also $ba \overset{=}{<} al$, wie aus der Det. erhellet,

folglich kommen die Kreise in einem Punkte s zusammen.

Beschreibt man um die Dreiecke ade, bef Kreise, zieht die Durchmesser eu, em, ferner die geraden Linien ud, fm, um, macht bp=au, zieht die gerade Linie up, macht eru=R, verlängert ue, bis sie von der verlängerten bp, und ag, bis sie von der verlängerten ls geschnitten wird, so ist $\triangle ade \cong zhg$, weil ad=zh, ae=an=zg, und gzh=gah=ead;

also de=hg=$\delta\varepsilon$, hzg=dae

---

folglich $\triangle ude \sim \triangle ahg$ (El. III. 31. 21. I. 26.)

---

mithin ag=ue, agh=uen.

Da ferner $ue:ei = \left\{\begin{matrix} ur:rp \\ \left\{\begin{matrix} ae \\ an \end{matrix}\right\} : \left\{\begin{matrix} eb \\ ns \end{matrix}\right\} \\ ag:gv \end{matrix}\right\}$ (El. VI. 2.)

so ist $ei = gv$

also $ui = av$

folglich $uip = avs$

demnach $mei = lgv$

mithin $\triangle mei \cong \triangle lgv$

somit $em = gl$

also $\triangle emf \cong \triangle glk$

folglich $ef = \begin{cases} gk \\ \varepsilon\varphi \end{cases}$

mithin $\triangle def \cong \delta\varepsilon\varphi$.

Zusatz.

Es erhellet von selbst, dafs es im Fall eines Durchschnittes der beiden Kreise ein zweites Dreieck mit der gegebenen Eigenschaft giebt.

Aufgabe 95. (*Fig.* 39. k.)

In ein, der Art und Gröfse nach, gegebenes Dreieck ABC ein anderes, der Art und Gröfse nach, gegebenes Dreieck abc so zu legen, dafs die Winkelpunkte des letzteren auf die Seiten des ersteren, und die Verlängerungen der Seiten des letzteren durch die auf den Verlängerungen der Seiten des ersteren gegebenen Punkte M, N, P gehen.

Analysis.

Es sey $\triangle abc$ das verlangte, so ist, wenn man durch den Pnnkt A die gerade Linie $\alpha\gamma \# BC$ zieht, und α,

β, γ die Durchschnittspunkte der Linie $a\gamma$ mit den Verlängerungen der Seiten des Dreieckes abc sind,

$$Cb : bA = Ca : A\gamma \text{ (El. VI. 4.)}$$

$$\begin{aligned} \text{also } Cb \,.\, Ba : Ca \,.\, bA &= Ca \,.\, Ba : Ca \,.\, A\gamma \\ &= Ba : A\gamma \end{aligned} \Big\} \text{ (El. VI. 1.)}$$

$$= BN : NA \text{ (El. VI. 4.)}$$

$$= f : AM, \text{ wenn } AN:NB = AM:f;$$

$$\text{Eben so ist } Ac : cB = A\beta : Ba \text{ (El. VI. 4.)}$$

$$\begin{aligned} \text{also } Ac \,.\, Ba : cB \,.\, aC &= A\beta \,.\, Ba : Ba \,.\, aC \\ &= A\beta : aC \end{aligned} \Big\} \text{ (El. VI. 1.)}$$

$$= AM : MC \text{ (El. VI. 4.)}$$

$$\begin{aligned} \text{Ferner ist } Bc : cA &= BP : A\alpha \\ \text{und } Ab : bC &= A\alpha : CP \end{aligned} \Big\} \text{ (El. VI. 4.)}$$

$$\text{also } Ab \,.\, Bc : bC \,.\, cA = \Big\{ \begin{array}{l} BP : PC \\ CM : g, \text{ wenn } BP:PC = CM:\gamma; \end{array}$$

$$\text{folglich ist } Ba^2 : Ca^2 = f : g.$$

Da f, g (Dat. 2.) gegebene gerade Linien sind, so läfst sich, verm. Apoll. de sect. det. Buch I. Aufg. 1., der Punkt a, somit sowohl der Punkt c, als der Punkt b finden.

Aufgabe 96. (*Fig.* 39. 1.)

In ein, der Art und Gröfse nach, gegebenes Dreieck ABC ein Rechteck, dessen Seitenverhältnifs gleich dem Verhältnifse der gegebenen geraden Linien p, q, so zu legen, dafs die Grundlinie LK desselben in der Richtung der Grundlinie BC des Dreieckes liege, die gegenüberliegenden Winkelspitzen D, O auf die Seiten des Dreieckes fallen.

Analysis.

Es sey das Rechteck DOKL das verlangte, so ist, wenn AKB=R, BD:DL=BA:AQ (El. VI. 4.)
LD:DO= p:q (p. hyp.)
OD:DA=CB:BA (El. VI. 4.)

Da BA:AQ, CB:BA (Dat. 2.), p:q (p. hyp.) gegebene Verhältnifse sind, so ist BD:DA (Dat. 9.), somit der Punkt D, folglich auch die Lage der Linien OD, DL, mithin das ganze Rechteck gegeben.

Construction und Beweis

ergeben sich aus dem Gesagten von selbst.

Zusatz.

Wenn p=q, so wird das Rechteck ein Quadrat.

Anmerkung.

Sollen die Punkt D, O auf den Verlängerungen der Seiten liegen, so ist die Analysis die nämliche.

Aufgabe 97. (*Fig.* 39. l. m.)

In ein, der Art und Gröfse nach, gegebenes Dreieck ABC ein Rechteck DOKL zu beschreiben, dessen Flächenraum dem Quadrate der gegebenen geraden Linie α gleich sey.

Analysis.

Es sey das Rechteck DOKL das verlangte, so ist, wenn AQB=R,

$$\left.\begin{array}{l} BD : DL = BA : AQ \\ AD : DO = AB : BC \end{array}\right\} \text{(El. VI. 4.)}$$

$$\text{also } AD.DB : \left\{\begin{array}{c} OD.DL \\ \alpha^2 \end{array}\right\} = BA^2 : AQ.BC$$

folglich ist AD.DB (Dat. 2.), und da AD+DB gegeben ist, AD (Dat. 86.), somit D, und die Lage der Linien OD, DL, also des Rechteck ODKL gegeben.

Construction.

Man mache CEA=R, CF‡AB, AF‡CE, verlängere BA, nehme GA=AF, beschreibe über BG einen Halbkreis, welcher der Linie AF, oder ihrer Verlängerung, in H begegne, nehme AP=α, PR‡HG, verlängere HA bis zum Durchschnitt mit PR in R, beschreibe über BA als Durchmesser einen Halbkreis, und ziehe RM‡AB. Von dem Punkte M, in welchem RM mit dem Umfange dieses Halbkreises zusammentrifft, fälle man ein Perpendikel MD auf AB, und vollende das Rechteck DOLK, so ist dasselbe das verlangte.

Determination.

Damit RM dem Halbkreise begegne, mufs seyn

$$RA \leqq \tfrac{1}{2}AB$$

$$\text{also } RA^2 \leqq \tfrac{1}{4}AB^2$$

$$\text{folglich } \alpha^2 : RA^2 \geqq \alpha^2 : \tfrac{1}{4}AB^2 \text{ (El. V. 8.)}$$

$$\left.\begin{array}{ll} \text{(El. VI. 4. 22.)} & GA^2 : AH^2 \\ \text{(El. V. 20. Zus. 2.)} & \left.\begin{array}{r} GA \\ AF \\ CE \end{array}\right\} : AB \\ \text{(El. VI. 1.)} & AB.CE : AB^2 \\ & \left.\begin{array}{r} \tfrac{1}{4}AB.CE \\ \tfrac{1}{2}\triangle ABC \end{array}\right\} : \tfrac{1}{4}AB^2 \end{array}\right\}$$

$$\text{mithin } \tfrac{1}{2}\triangle ABC \overset{=}{>} \alpha^2$$

$$\text{somit } \triangle ABC \overset{=}{>} 2\alpha^2.$$

Beweis.

$$\text{Es ist } \triangle ABC \overset{=}{>} 2\alpha^2$$

$$\text{also } \tfrac{1}{2}\triangle ABC \overset{=}{>} \alpha^2$$

$$\text{folglich} \left.\begin{array}{l} \tfrac{1}{2}\triangle ABC : \tfrac{1}{4}AB^2 \\ \left.\begin{array}{l} 2\triangle ABC \\ AB\,.\,CE \end{array}\right\} : AB^2 \\ \left.\begin{array}{l} CE \\ GA \end{array}\right\} : AB \\ GA^2 : AB^2 \\ PA^2 : AR^2 \end{array}\right\} \overset{=}{>} \alpha^2 : \tfrac{1}{4}AB^2$$

$$\text{mithin } AR \overset{=}{<} \tfrac{1}{2}AB$$

demnach berührt (Fig. 39. m.), oder schneidet (Fig. 39. l.) die Linie RM den Halbkreis.

$$\text{Ferner ist } BD:DL = BA:AQ, \text{ wenn } AQB = R;$$
$$AD:DO = AB:BC$$

$$\left.\begin{array}{r} \text{also } AD.DB \\ \text{(El.VI.8.17.)}\ DM^2 \\ AR^2 \end{array}\right\} : OD.DL = AB^2 : \left\{\begin{array}{l} AQ.BC \\ AB.EC \text{ (El. VI. 16.)} \end{array}\right.$$
$$= AB : EC \text{ (El. VI. 1.)}$$
$$= HA^2 : AG^2 \text{ (El. VI. 20. Zus. 2.)}$$
$$= RA^2 : \left\{\begin{array}{l} AP^2 \\ \alpha^2 \end{array}\right.$$

$$\text{folglich } OD\,.\,DL = \alpha^2.$$

Zusatz 1.

Es erhellet von selbst, dafs es im Fall eines Durchschnittes (Fig. 39. l.) der Linie RM mit dem Kreise ein zweites Rechteck mit der gegebenen Eigenschaft giebt.

Zusatz 2.

Nimmt man (Fig. 39. m.) auf AB einen von dem Halbirungspunkte D verschiedenen Punkt N an, und construirt das dadurch bestimmte Rechteck VN.NS, so ist

$$BN : NV = BA : AQ$$
$$AN : NS = AB : BC$$

also $AN . NB : VN . NS = AB^2 : AQ . BC$
$= AD . DB : LD . DO.$

Es ist aber $AN . NB < AD . DB$ (El. II. 5.)

also ist $VN . NS < LD . DO$

mithin bestimmt der Halbirungspunkt von AB ein größeres Rechteck, als jeder andere Punkt derselben.

Znsatz 3.

Construirt man ein drittes, durch den Punkt T bestimmtes Rechteck WT . TU, so ist auch

$AT . TB : WT . TU = AB^2 : AQ . BC$
$= AN . NB : VN . NS$

Es ist aber $AT . TB \lesseqgtr AN . NB$, je nachdem $FD \gtreqless DN$, (El. II. 5.)

also ist auch $WT . TU \lesseqgtr VN . NS$

mithin bestimmen die dem Halbirungspunkte von AB näher liegenden Punkte größere Rechtecke, als die entfernteren.

Zusatz 4.

Beschreibt man (Fig. 39. l.) aus dem Halbirungspunkte V der Linie AB als Mittelpunkt mit einem Ra dius =VR einen Kreis, welcher der Verlängerung von AD in d begegne, so ist, wenn do‡BC, ok‡AQ‡dl gezogen wird, $\mathrm{Bd : dl = BA : AQ}$

$$\mathrm{Ad : do = AB : BC}$$

$$\text{also } \left.\begin{matrix}\mathrm{Ad.dB}\\ \mathrm{AR^2}\end{matrix}\right\} : \mathrm{ld.do} = \mathrm{AB^2 : AQ.BC} = \mathrm{AR^2} : \alpha^2$$

folglich $\mathrm{ld.do} = \alpha^2$.

Aufgabe 98. (*Fig.* 40.)

In ein, der Art und Gröfse nach, gegebenes Dreieck ABC ein Rechteck FDEG zu legen, dessen Umfang der gegebenen geraden Linie 2S gleich sey.

Analysis.

Es sey das Rechteck DEGF das verlangte, so ist, wenn AHB=R, $\mathrm{DE : AL = BC : AH}$ (El. VI. 4.)

$$\text{also } \left.\begin{matrix}\mathrm{DE - AL}\\ \left.\begin{matrix}\mathrm{FD+DE}\\ \mathrm{S}\end{matrix}\right\} - \left\{\begin{matrix}\mathrm{AL+LH}\\ \mathrm{AH}\end{matrix}\right.\end{matrix}\right\} : \mathrm{AL = BC - AH : AH}, \text{ wenn } \mathrm{BC > AH};$$

folglich ist AL, somit der Punkt L, und die Lage der geraden Linie DE, also auch das Rechteck DEGF gegeben.

Construction.

Man mache AHB=R, KA=AH, KM=BC, KN=S, NL‡HM, LD‡BC, DFB=EGB=R, so ist DEGF das verlangte Rechteck.

Determination.

Damit der Punkt L zwischen die Punkte A, H falle, mufs $\left.\begin{matrix}\mathrm{NK}\\ \mathrm{S}\end{matrix}\right\} > \left\{\begin{matrix}\mathrm{KA}\\ \mathrm{AH}\end{matrix}\right.$, und $\left.\begin{matrix}\mathrm{NK}\\ \mathrm{S}\end{matrix}\right\} < \left\{\begin{matrix}\mathrm{KM}\\ \mathrm{BC}\end{matrix}\right.$ seyn.

Beweis.

Es ist $\left.\begin{matrix}S\\NK\end{matrix}\right\} < \left\{\begin{matrix}BC\\KM\end{matrix}\right.$, $\left.\begin{matrix}S\\NK\end{matrix}\right\} > \left\{\begin{matrix}AH\\KA\end{matrix}\right.$

also liegt der Punkt L zwischen A; H.

Ferner ist $DE : AL = BC : AH$

also $DE - AL : AL = BC - AH : AH$

folglich
$$\left.\begin{matrix} DE-AL \\ FD+DE-\left\{\begin{matrix}AL+LH\\AH\end{matrix}\right\}\end{matrix}\right\} : BC-AH = LA : AH = \left\{\begin{matrix}NA\\NK-KA\\S-AH\end{matrix}\right\} : \left\{\begin{matrix}AM\\MK-KA\\BC-AH\end{matrix}\right\}$$

mithin $FD + DE - AH = S - AH$

demnach $FD + DE = S$

also $FD + DE + EG + GF = 2S$.

Zusatz.

Wenn $BC = AH$, so ist die Aufgabe unmöglich, wenn zugleich $S \gtrless BC$; oder unbestimmt, wenn $S = BC$.

Anmerkung.

Wenn die Punkte D, E auf den Verlängerungen der Seiten BA, AC liegen sollen, so kann die Aufgabe auf ganz ähnliche Weise behandelt werden.

Aufgabe 99. (*Fig.* 41.)

In ein, der Art und Gröfse nach, gegebenes Dreieck ABC ein Rechteck zu legen, in welchem der Unterschied der Grundlinie und Höhe der gegebenen geraden Linie d gleich sey.

Analysis.

Es sey das Rechteck DEGF das verlangte, so ist, wenn $AHB = R$, $DE : AL = BC : AH$

$$\left.\begin{array}{r} \text{also } DE + AL \\ DE + AH - DF \\ AH - \left\{\begin{array}{c} FD - DE \\ d \end{array}\right\} \end{array}\right\} : AL = BC + AH : AH$$

folglich ist AL, somit der Punkt L, und die Lage der geraden Linie LD, so wie das Rechteck DEGF gegeben.

Construction.

Man mache $AHB = R$, $KA = AH$, $MK = BC$, $NK = d$, $NL \# MH$, $DL \# BC$, $FDE = DEG = R$, so ist DEGF das verlangte Rechteck.

Determination.

Damit der Punkt L zwischen A, H falle, mufs seyn $\left.\begin{array}{c} KN \\ d \end{array}\right\} < \left\{\begin{array}{l} KA \\ AH. \end{array}\right.$

Beweis.

$$\text{Es ist } \left.\begin{array}{c} d \\ KN \end{array}\right\} < \left\{\begin{array}{l} AH \text{ (Det.)} \\ KA \end{array}\right.$$

also liegt der Punkt L zwischen A, H.

Ferner ist $DE : AL = BC : AH$

$$\left.\begin{array}{r} \text{also } DE + AL \\ AH - (FD - DE) \end{array}\right\} : AL = BC + AH : AH$$

$$\text{folglich } AH - (FD - DE) : BC + AH = \left\{\begin{array}{l} LA : AH \\ NA : AM \\ AH - d : BC + AH. \end{array}\right.$$

mithin AH—(FD—DE)=AH—d

somit FD—DE=d.

Aufgabe 100. (*Fig.* 42.)

In ein, der Art und Gröſse nach, gegebenes Dreieck ABC ein Rechteck DEFG zu legen, dessen Diagonale der gegebenen geraden Linie α gleich sey.

Analysis.

Es sey DEFG das gesuchte Rechteck, so ist, wenn AHB=R, AM : DE= AH : BC

also $AM^2 : \left\{\begin{array}{c} DE^2 \\ EG^2-GD^2 \\ \alpha^2-HM^2 \\ KM.ML \\ MR^2 \end{array}\right\} = AH^2 : BC^2$

(El. II. 5.) wenn KH=HL=α;

(El. VI. 17.) wenn ein Halbkreis über KL der Linie ME in R begegnet;

folglich AM : MR=AH : BC

mithin ist das Verhältniſs AM : MR, somit der Winkel MAR, also die Lage der geraden Linie AR, und, wegen des der Gröſse und Lage nach gegebenen Halbkreises, der Punkt R, in welchem die Linie AR mit dem Umfange zusammentrifft, folglich die Lage der geraden Linie MR, mithin sowohl der Punkt D, als der Punkt E, somit das Rechteck DEFG gegeben.

Construction.

Man mache HO=BC, KA=HL=α, beschreibe über KL einen Halbkreis, dessen Umfang die gerade Linie AO in R erreiche, ziehe die, die Linien BA, AC in

D, E schneidende, gerade Linie DR‡BC, und vollende das Rechteck DEFG, so ist dasselbe das verlangte.

Determination.

Damit der Umfang des Halbkreises die Linie AR erreiche, mufs seyn (Fig. 42. a.) $\left.\begin{matrix}HK\\ \alpha\end{matrix}\right\} \geqq HR$, wenn $HRA = R$;

$$\text{Es ist } AO:OH = OH:HR \quad \text{(El. VI. 8.)}$$

$$\text{also mufs seyn } AO:OH \geqq OH:\alpha$$

$$\text{das ist } \sqrt{AH^2+BC^2}:BC \geqq BC:\alpha.$$

Und damit der Punkt M zwischen A, H falle, mufs seyn $\left.\begin{matrix}HK\\ \alpha\end{matrix}\right\} < HA$.

Beweis.

$$\text{Es ist } \left.\begin{matrix}\sqrt{AH^2+BC^2}:BC\\ AO:OH\\ OH:HR\end{matrix}\right\} \geqq BC:\alpha \text{ (Det.)}$$

$$\text{also } HR \leqq \left\{\begin{matrix}\alpha\\ HK\end{matrix}\right.$$

folglich berührt (Fig. 42. a.) der Kreis die Linie AO in R, oder schneidet (Fig. 42. b.) dieselbe. Da auch $\left.\begin{matrix}\alpha\\ HK\end{matrix}\right\} < HA$, so geschieht das Erreichen zwischen A, R.

$$\text{Ferner ist } AM:MR = AH:\left\{\begin{matrix}HO\\ BC\end{matrix}\right. \text{ (El. VI. 4.)}$$

$$\begin{matrix}\text{also } AM^2: \\ \text{(El. VI.8.17.)} \\ \text{(El. II. 5}\end{matrix}\left\{\begin{matrix}MR^2\\ KM.ML\\ KH^2-HM^2\end{matrix}\right\} = \left\{\begin{matrix}AH^2:BC^2 \text{ (El. VI. 22.)}\\ AM^2:\left\{\begin{matrix}DE^2\\ EG^2-\left\{\begin{matrix}GD^2\\ HM^2\end{matrix}\right.\end{matrix}\right.\end{matrix}\right.$$

$$\text{folglich } KH^2 - HM^2 = EG^2 - HM^2$$

$$\text{mithin } \left.\begin{array}{c}KH^2\\ \alpha^2\end{array}\right\} = EG^2$$

$$\text{somit } \alpha = EG.$$

Zusatz 1.

Es erhellet von selbst, dafs es im Fall eines Durchschnittes zwey Rechtecke mit der gegebenen Eigenschaft giebt; und es fällt der Punkt D des zweiten Rechteckes auf AB, so lange $MR > HQ$

$$\text{also } \left.\begin{array}{l}AM:MR\\ AH:BC\end{array}\right\} < AH: \left\{\begin{array}{l}HQ\\ \alpha\end{array}\right. \text{(El. V. 8.)}$$

$$\text{also } BC > \alpha.$$

Zusatz 2.

Da vermöge der Determin. $\left.\begin{array}{c}\sqrt{AH^2+BC^2}\\ AO\end{array}\right\} : BC$ $\gtrless AH:\alpha$, so ist der kleinste Werth von α derjenige, für welchen $AO : BC = AH : \alpha$.

Es ist aber (Fig. 42. a.) $AO : OH = AH : HR$

$$\text{also } \alpha = HR.$$

Da auch $AO^2 : BC^2 = AH^2 : HR^2$
$= AH : HM$

so bestimmt derjenige Punkt M der Linie AH, für welchen $\left.\begin{array}{c}AO^2\\ AH^2+BC^2\end{array}\right\} : BC^2 = AH : HM$

$$\text{also } AH^2 : BC^2 = AM : MH,$$

das Bechteck mit der kleinsten Diagonale.

Je mehr α die Linie HR übertrifft, desto mehr entfernen sich die Durchschnitte des Kreisumfanges mit AO von diesem Punkte R, folglich bestimmen die, auf einerley Seite des Punktes M (Fig. 42. a.), sich mehr entfernenden Punkte der Linie AH Rechtecke mit gröſseren Diagonalen, als die näheren.

Andere Analysis. (Fig. 42. c.)

Es sey EFGH das gesuchte Rechteck, so ist, wenn CBI=R, AI#BC gemacht, die, die Linie EF in M schneidende, gerade Linie CI gezogen, und FE bis zum Durchschnitt mit BI in L verlängert wird,

$$\left.\begin{aligned} EL : AI &= EB : BA \\ &= FC : CA \\ &= MF : AI \end{aligned}\right\} \text{(El. VI. 4.)}$$

$$\text{also } EL = MF$$

$$\text{folglich } LM = EF$$

$$\text{mithin } BM = \begin{cases} HF \\ \alpha \end{cases} \text{(El. I. 26.)}$$

demnach ist BM der Gröſse nach, und vermöge Dat. 34. der Lage nach, also ist der Punkt M, und mit ihm das Rechteck gegeben.

Construction.

Man mache CBI=R, AI#BC, ziehe die gerade Linie IC, beschreibe aus B als Mittelpunkt einen Kreis mit einem Radius $=\alpha$, ziehe durch den Punkt M, in welchem der Umfang desselben die gerade Linie CI erreicht, die, die Seiten BA, AC in E, F schneidende, gerade Linie EF, und mache EHC=R=FGC, so ist EFGH das gesuchte Rechteck.

Determination.

Damit der Kreis die Linie IC erreiche, muſs seyn $\alpha \geqq BO$, wenn $BOC = R$.

$$\text{Es ist } CI : IB = CB : BO \text{ (El. VI. 8.)}$$

$$\text{also muſs } \left.\begin{matrix} CI \\ \sqrt{CB^2 + BI^2} \end{matrix}\right\} : IB \geqq CB : \alpha \text{ seyn.}$$

Beweis.

$$\text{Es ist } \left.\begin{matrix} \left.\begin{matrix} \sqrt{BC^2 + BI^2} \\ CI \end{matrix}\right\} : IB \\ CB : BO \end{matrix}\right\} \geqq CB : \alpha$$

$$\text{also } BO \leqq \alpha$$

folglich erreicht der Umfang des Kreises die Linie CI. Es geschehe in M.

$$\text{Es ist } \left.\begin{aligned} EL : AI &= EB : BA \\ &= FC : CA \\ &= MF : AI \end{aligned}\right\} \text{(s. Anal.)}$$

$$\text{also } EL = MF$$

$$\text{folglich } EF = LM$$

$$\text{somit } \left.\begin{matrix} BM \\ \alpha \end{matrix}\right\} = HF \text{ (El. I. 4.)}$$

mithin ist EFGH das verlangte Rechteck.

Zusatz.

Es erhellet von selbst, daſs es im Fall eines Durchschnittes ein zweites Rechteck mit der gegebenen Eigenschaft giebt.

Aufgabe 101. (*Fig.* 43.)

In ein, der Art und Gröſse nach, gegebenes Dreieck ABC ein Rechteck DEFG zu legen, in welchem der Ueberschuſs des Quadrates der Seite GD über das Quadrat der anliegenden Seite DE, dem Quadrate der gegebenen geraden Linie d gleich sey.

Analysis.

Es sey DEFG das gesuchte Rechteck, so ist, wenn AHB=R, AM : DE=AH : BC

$$
\begin{array}{lll}
\text{also } AM^2 : \left\{\begin{array}{c} DE^2 \\ GD^2-d^2 \\ HM^2-d^2 \\ LM:MK \\ MR^2 \end{array}\right\} & = AH^2 : BC^2 & \\
 & & \text{(El. II. 6.), wenn } KH=HL=d; \\
 & & \text{(El. III. 36.), wenn } HR \text{ eine Tangente des über } KL \text{ beschriebenen Halbkreises ist;} \\
\qquad\qquad AU^2 : HR^2 & & \text{(El. VI. 4. 22.), wenn } LAH=R;
\end{array}
$$

$$\text{also } AU : HR = AH : BC$$

folglich ist AU, somit der Punkt U, und weil der, über der gegebenen Linie KL beschriebene, Halbkreis der Gröſse und Lage nach gegeben ist, die Lage der Tangente UR, mithin auch der Durchschnitt M derselben mit der Linie AH, somit das Rechteck DEFG gegeben.

Construction.

Man mache KH=HL=d, AO♯BC, CO♯AB, PA =AO, beschreibe über KL als Durchmesser einen Kreis, dessen Umfang die Linie BH in N schneide, ziehe NQ♯AH, HU♯PQ, lege an den Kreis eine, die Linie AH in M schneidende, Tangente UR, mache

DME$\#$BC, und vollende das Rechteck DEFG, so ist dasselbe das verlangte.

Determination.

Damit an den Kreis eine, die Linie AH zwischen A, H schneidende, Tangente gezogen werden könne, mufs d < AH seyn.

Beweis.

Da $\left.\begin{array}{l}d\\ HK\end{array}\right\} < AH$, so läfst sich von U eine Tangente an den Kreis ziehen, welche die Linie AH zwischen A, H schneidet.

Ferner ist $UA : AQ = HA : \left\{\begin{array}{ll}AP & \text{(El. VI. 2.)}\\ OA & \text{(Constr.)}\\ BC & \text{(El. I. 33.)}\end{array}\right.$

$$\text{also } UA^2 : \left\{\begin{array}{l}AQ^2\\ NH^2\\ HR^2\end{array}\right\} = \left\{\begin{array}{l}AH^2 : BC^2\\ \\ AM^2 : DE^2\end{array}\right. \quad \begin{array}{l}\text{(El. VI. 22.)}\\ \text{(El. I. 33.)}\\ \text{(El. VI. 4. 22.)}\end{array}$$

$$AM^2 : \left\{\begin{array}{c}MR^2\\ LM . MK\\ \left.\begin{array}{l}HM^2\\ GD^2\end{array}\right\} - d^2\end{array}\right\} \quad \begin{array}{l}\text{(El. VI. 4. 22.)}\\ \text{(El. III. 36.)}\\ \text{(El. II. 6.)}\end{array}$$

also $GD^2 - d^2 = DE^2$

folglich $GD^2 - DE^2 = d^2$.

Zusatz.

In so fern nicht UA = HN = AQ

also nicht $\left.\begin{array}{l}PA\\ BC\end{array}\right\} = AH$,

läfst sich eine zweite Tangente von U aus an den Kreis ziehen, wodurch ein zweites Rechteck, dessen Punkte D, E auf den Verlängerungen der Seiten liegen, mit der gegebenen Eigenschaft bestimmt wird.

Aufgabe 102. (*Fig.* 44.)

In ein gegebenes schiefwinkeliges, ungleichseitiges Parallelogramm ein Quadrat zu beschreiben, daſs die Winkelpunkte des Quadrates auf die Seiten des Parallelogrammes fallen.

Analysis.

Es sey ABCD das gegebene Parallelogramm, EFGH das in dasselbe beschriebene Quadrat, so ist

$$\triangle AEH \cong \triangle CFG,\ \triangle EBF \cong \triangle DGH \text{ (El. I. 26.)}$$

also AE=CG, AH=CF, BF=DH, BE=DG.

Bezeichnet man den Durchschnitt der Diagonalen AC, BD des Parallelogrammes ABCD mit O, und zieht EO, OF, GO, OH, so ist

$$\triangle AEO \cong \triangle CGO \text{ (El. I. 4.)}$$

folglich EO=OG, AOE=COG, mithin GOE eine gerade Linie.

Da eben so gezeigt wird, daſs FOH eine gerade Linie sey, so ist O auch der Durchschnitt der Diagonalen des Quadrates. Fällt man von C, D auf FG, GH die Perpendikel CL, DM, so ist

$$\triangle CLG \sim \triangle GDM,\ \triangle FCL \sim \triangle DMH \text{ (El. VI. 4.)}$$

also sowohl CL : GM = LG : MD

als auch MH : CL = DM : FL

mithin GM : MH = FL : LG (El. V. 22.)

folglich $\underbrace{GM+MH}_{GH} : \underbrace{FL+LG}_{FG} = GM : FL$ (El. V. 18.)

demnach GM=FL

somit MH=LG,

Verlängert man DM, bis sie der Linie FH in Q begegnet, so ist $QMH = R$, $QHM = \frac{1}{2}R$;

$$\text{also } HQM = \tfrac{1}{2}R$$

$$\text{folglich } QM = \begin{cases} MH \\ LG \end{cases}$$

$$\text{mithin } LQM = QLG = R;$$

demnach ist CLQ eine gerade Linie, und der Umfang eines, über CD beschriebenen, Halbkreises geht durch Q. Bezeichnet man mit x den zweiten Durchschnitt desselben mit FH, so ist $CQx = GHF = \frac{1}{2}R$, also $Cx = \frac{1}{2}CxD$, folglich x gegeben, mithin ist die Lage der Diagonale FH, somit die Lage der anderen Diagonale, und das ganze Quadrat gegeben.

Construction.

Ueber einer Seite CD des gegebenen Parallelogrammes beschreibe man einen Halbkreis in das Parallelogramm, und halbire dessen Peripherie in x, verbinde x mit der Mitte O des gegebenen Parallelogrammes, und verlängere Ox bis zu dessen Umfang in F, H, errichte auf FH in O das Perpendikel CG, nehme $EO = OG = OF$, und verbinde E, F; F, G; G, H; H, E durch gerade Linien, so ist EFGH das gesuchte Quadrat.

Beweis.

Da O die Mitte des gegebenen Parallelogrammes ist, so ist $FO = OH$, also halbiren die Diagonalen des Viereckes EFGH einander, sind gleich, und stehen auf einander perpendikular, folglich ist EFGH ein Quadrat. Verbindet man den Punkt Q, in welchem der Umfang des Halbkreises die Diagonale FH trifft, mit C, D, durch gerade Linien, so ist

$CQD = R$, also $\left.\begin{matrix}CQx\\MQH\end{matrix}\right\} = \frac{1}{2}R$

folglich $ORQ = \frac{1}{2}R$, wenn CQ der Linie OG in R begegnet;

also $QO = OR$

folglich $HO : OG = QO : OR$

mithin $QR \# GH$ (El. VI. 2.)

somit $QMH = \left\{\begin{matrix}MQL\\R\end{matrix}\right.$

demnach $QHM = \frac{1}{2}R$

also $\left.\begin{matrix}QM\\LG\end{matrix}\right\} = MH$

folglich $FL = GM$.

Ferner ist $\triangle CFL \backsim \triangle DHM$ (El. VI. 4.)

mithin $CL : \left\{\begin{matrix}MH\\LG\end{matrix}\right\} = \left\{\begin{matrix}FL\\GM\end{matrix}\right\} : MD$

somit $\triangle CLG \backsim \triangle GMD$

demnach $LCG = MGD$

also liegen die Punkte C, G, D in einer geraden Linie. Liegt nun G auf CD, so liegt, da O die Mitte des Parallelogrammes, und $GO = OE$ ist, der Punkt E auf AB, also ist EFGH das gesuchte Quadrat.

Aufgabe 103. (*Fig.* 45.)

In ein gegebenes Viereck ein Parallelogramm zu beschreiben, dessen Seiten zwey der Lage nach gegebenen geraden Linien parallel seyen.

Analysis.

Es sey ABCD das gegebene Viereck, EFGH das verlangte Parallelogramm, dessen Seiten EG, FH der gegebenen q, die Seiten EF, GH aber der gegebenen p parallel seyen. Zieht man durch D die $DKL \# EF$, und durch C die $CI \# EG$, so sind diese Linien der Lage nach gegeben. Nun ist $\triangle AEF \backsim \triangle ADK$, $\triangle CGH \backsim \triangle CDL$, $\triangle DHF \backsim \triangle DCI$ (El. VI. 4.);

$$\begin{aligned} \text{also } AF : FE &= AD : DK \\ GH : CH &= LD : CD \\ CH : IF &= CD : ID \end{aligned}$$

$$\text{folglich } AF : FI = AD \,.\, DL : ID \,.\, DK$$

Zieht man $LM \# BA$, so ist

$$KD : DA = LD : DM$$

$$\text{mithin } KD \,.\, DM = AD \,.\, DL$$

$$\text{somit } AF : FI = \left\{ \begin{matrix} KD \,.\, DM : KD \,.\, DI \\ MD : DI \end{matrix} \right.$$

$$\text{demnach } AF : \left\{ \begin{matrix} AF - FI \\ AI \end{matrix} \right\} = DM : \left\{ \begin{matrix} MD - DI \\ MI \end{matrix} \right.$$

also ist AF der Gröſse nach, folglich der Punkt F, mithin das Parallelogramm gegeben.

Construction.

Man ziehe $CI \# q$, $DKL \# p$, $LM \# AB$, nehme AF = der vierten Proportionallinie zu MI, DM, AI, ziehe die Linie $FE \# DK$, $FH \# CI$, $HG \# EF$, und verbinde E mit G, so ist EGHF das gesuchte Parallelogramm.

Beweis.

Es ist $\underline{MI : DM = AI : AF}$ (Constr.)

also ID : DM = FI : AF.

Auch ist $\underline{ID : CD = FI : CH}$

folglich DM : CD = AF : CH.

Da $\underline{KD : DL = AD : DM}$

also KD . DM = LD × DA

so ist AI : CH = MD . DK : CD . DK = LD . AD : CD . DK.

Ferner ist $\underline{AF : FE = AD : DK = AD . DL : KD . DL}$

folglich CH : FE = CD . DK : KD . DL = CD : DL.

Auch ist $\underline{CH : GH = CD : DL}$

mithin FE = GH

somit EFGH das gesuchte Parallelogramm.

Aufgabe 104. (*Fig.* 46.)

Durch den Durchschnitt D zweyer, der Gröſse und Lage nach, gegebenen Kreise eine gerade Linie CE zu legen, deren in die Kreise fallenden Segmente ED, DC ein gegebenes Verhältniſs (= p : q) zu einander haben.

Analysis.

Es sey CE die gesuchte Linie, so ziehe man die Durchmesser AD, DB, verbinde B mit C durch die gerade Linie BC, welche der verlängerten AD in R begegne, und ziehe die gerade Linie AE.

Da AED = R = $\begin{cases} \text{DCB (El. III. 31.)}, \text{ADE} = \text{RDC}, \\ \text{DCR} \end{cases}$

$$\text{so ist } \triangle ADE \sim \triangle RDC \text{ (El. VI. 4.)}$$

$$\text{also } AD:DR = \begin{cases} ED:DC \\ p:q \end{cases}$$

folglich läfst sich DR (Dat. 2.), somit der Punkt R, mithin die Lage der geraden Linie BR, somit der Punkt C, also auch die Lage der geraden Linie CD finden.

Construction.

Man ziehe die Durchmesser AD, DB, verlängere dieselben über D hinaus, mache PD=p, DQ=q, QR $\parallel$ AP, und ziehe durch B und den Durchschnitt R der Linie QR mit der verlängerten AD die gerade Linie BR, welche den Kreis in C schneide, so ist CDE die gesuchte Linie.

Beweis.

$$\text{Es ist } \left.\begin{matrix} APD+ADP \\ DQR+QDR \end{matrix}\right\} < 2R$$

also schneidet QR die verlängerte AD.

$$\text{Auch ist } AED = \left\{\begin{matrix} \; \\ DCB \\ DCR \end{matrix}\right\},\ ADE=RDC,$$

$$\text{also } ED:DC = \begin{cases} AD:DR \text{ (El. VI. 4.)} \\ PD:DQ \\ p:q. \end{cases}$$

Aufgabe 105. (*Fig.* 47.)

Durch den Durchschnitt O zweyer, der Gröfse und Lage nach, gegebenen Kreise eine gerade Linie AB zu ziehen, so dafs das Rechteck aus den, in die Kreise fallenden, Segmenten dem Quadrate der gegebenen geraden Linie β gleich sey.

Analysis.

Es sey AB die gesuchte Linie. Zieht man den Durchmesser OC des einen Kreises, und macht DAO $=$ OCB, so ist $\triangle DAO \sim \triangle OCB$ (El. VI. 4.)

$$\text{also } AO : OD = CO : OB$$

$$\text{folglich } CO \cdot OD = \begin{cases} AO \cdot OB \\ \beta^2 \end{cases} \text{ (El. VI. 16.)}$$

$$\text{also } CO : \beta = \beta : OD \text{ (El. VI. 17.)}$$

folglich ist OD (Dat. 2.), somit der Punkt D gegeben.

$$\text{Da auch } CO : OB = AO : OD,\ COB = AOD,$$

$$\text{so ist } ADO = \begin{cases} OBC \\ R \end{cases} \text{ (El. VI. 6.)}$$

mithin ist die Lage der geraden Linie DA, somit der Durchschnitt A derselben mit dem anderen Kreise, also die gerade Linie AOB der Lage nach gegeben.

Construction.

Man ziehe den Durchmesser CO, mache COH$=$R, OH$=\beta$, CHD$=$R, in dem Durchschnitte D der Linie HD mit der verlängerten CO nehme man ODA$=$R, und verknüpfe den Punkt A, in welchem DA mit dem anderen Kreise zusammentrifft, mit O durch die gerade Linie AO, welche den einen Kreis in B schneide, so ist AB die gesuchte Linie.

Determination.

Damit DA den Kreis erreiche, mufs, wenn KOD$=$R, und der Radius KL$\#$CD genommen wird, werden

$$QD \leqq KL \text{ (El. III. 16.)}$$

$$\text{also } \left.\begin{array}{l} OQ+QD \\ OD \end{array}\right\} \leqq LK + \left\{\begin{array}{l} KP \\ OQ. \end{array}\right.$$

$$\text{Da } CO : \beta = \beta : OD$$

$$\text{so muſs mithin } CO : \beta \geqq \beta : KL+OQ \text{ seyn.}$$

Beweis.

$$\text{Es ist } \left.\begin{array}{l} CO : \beta \\ \beta : OD \end{array}\right\} \geqq \beta : \left\{\begin{array}{l} PL \\ KL+OQ \end{array}\right.$$

$$\text{also } OD \leqq KL+OQ$$

$$\text{folglich } QD \leqq KL$$

mithin berührt (Fig. 47. a.), oder schneidet (Fig. 47. b.) die Linie DA den Kreis.

$$\text{Da } ADO = OBC = R,\ AOD = COB,$$

$$\text{so ist } AO : OD = CO : OB \text{ (El. VI. 4.)}$$

$$\text{also } AO \,.\, OB = CO \,.\, OD \text{ (El. VI. 16.)}$$

$$= \left\{\begin{array}{l} HO^2 \text{ (El. VI. 17.)} \\ \beta^2. \end{array}\right.$$

Zusatz 1.

Es erhellet von selbst, daſs es im Fall des Schneidens zwey Linien mit der gegebenen Eigenschaft giebt.

Zusatz 2.

Zieht man durch den Punkt d (Fig. 47. a.), für welchen $Od < OD$, die Linie $da \# DA$, so ist, wenn aOb gezogen wird, $aO \,.\, Ob = dO \,.\, OC$ (El. VI. 4. 16.)

$$\text{also } aO \,.\, Ob < \left\{\begin{array}{l} DO \,.\, OC \\ AO \,.\, OB \end{array}\right.$$

folglich bestimmt dieser Punkt A ein gröſseres Rechteck, als jeder andere Punkt des Kreisumfanges.

Znsatz 3.

Zieht man durch δ, wenn $O\delta < OD$, die Linie $\delta\alpha \#$ DA, so ist, wenn $\alpha O\beta$ gezogen wird,

$$\alpha O . O\beta = CO . O\delta \text{ (El. VI. 4. 16.)}$$

$$\text{also } \alpha O . O\beta < \left\{ \begin{array}{l} CO . Od \\ ao . ob \end{array} \right.$$

mithin bestimmen die, dem Punkte A näher liegenden, Punkte gröſsere Rechtecke, als die entfernteren.

Aufgabe 106. (*Fig.* 48.)

Einen, der Lage und Gröſse nach, gegebenen Kreisbogen AB in einem Punkt D so zu theilen, daſs das Verhältniſs der von den Endpunkten A, B auf den durch den Punkt D gezogenen Radius CD gefällten Perpendikel By, Ax dem Verhältniſse der gegebenen geraden Linien p, q gleich werde.

Analysis.

Es sey D der gesuchte Punkt, so ist, wenn die, die Linie CD in E schneidende, gerade Linie AB gezogen wird, $\triangle BEy \backsim \triangle AEx$ (El. VI. 4.)

$$\text{also } \left. \begin{array}{l} By : Ax \\ p : q \end{array} \right\} = BE : EA$$

folglich ist der Punkt E, mithin die Lage der geraden Linie CE, somit der Punkt D gegeben.

Construction.

Man mache auf verschiedenen Seiten der Linie AB die Linien BP, AQ einander parallel. nehme BP=p,

AQ=q, ziehe die, die Linie AB in E schneidende, gerade Linie PQ, und die, den Bogen AB in D schneidende, gerade Linie CE, so ist D der gesuchte Punkt.

Beweis.

Fällt man von B, A auf CD die Perpendikel By, Ax, so ist $\triangle BEy \backsim \triangle AEx$

$$\text{also } By : Ax = \begin{cases} BE : EA \\ BP : AQ \\ p : q. \end{cases}$$

Zusatz.

Verlängert man QA, macht $Q^1A = AQ$ und zieht PQ^1, so schneidet dieselbe, wenn $p > q$, die Verlängerung von BA in E^1 so, dafs, wenn CE^1 gezogen wird, und auf den Radius CD^1 die Perpendikel By^1, Ax^1 gefällt werden, $\triangle BE^1y^1 \backsim \triangle AE^1x^1$ (El. VI. 4.).

$$\text{also } By^1 : Ax^1 = \begin{cases} BE^1 : E^1A \\ BP : AQ^1 \\ p : q \end{cases}$$

Aufgabe 107. (*Fig.* 49.)

Einen, der Lage und Gröfse nach, gegebenen Kreisbogen BC in einem Punkte Q so zu theilen, dafs das Rechteck aus den Perpendikeln BM, CO, welche von seinen Endpunkten auf den, durch den Punkt Q gezogenen, Radius gefällt werden, dem Quadrate der gegebenen geraden Linie α gleich werde.

Analysis.

Es sey Q der gesuchte Punkt, so ist, wenn CLB= R gemacht, und mit P der Durchschnitt der Linien CL,

QP, welche letztere ⋕AB, bezeichnet wird,

$$BAM = \begin{cases} AOP & \text{(El. I. 29.)} \\ OCP & \text{(El. VI. 8.)} \end{cases}$$

$$\text{also } CO : OP = AB : BM$$

$$\text{folglich } AB . OP = \begin{cases} BM . CO & \text{(El. VI. 16.)} \\ \alpha^2 & \end{cases}$$

$$\text{mithin } AB : \alpha = \alpha : OP \text{ (El. VI. 17.)}$$

demnach ist OP, also HK=2OP gegeben, wenn CO bis zum Durchschnitt H mit dem Kreisbogen verlängert wird, und HKL=R, folglich ist H, mithin auch die Lage und Gröfse der geraden Linie CH, somit der Halbirungspunkt O derselben, also die gerade Linie AO der Lage nach, und der Durchschnitt Q mit dem Bogen gegeben.

Construction.

Man mache AD=DC, EC⋕AB⋕CG, FC=α=CE, FG⋕DE, CLB=R, GH⋕CL, ziehe von C eine gerade Linie CH zum Durchschnitt H der Linie GH mit dem Bogen BC, halbire CB in O, und ziehe die, den Bogen B in Q schneidende, gerade Linie AO, so ist Q der gesuchte Punkt.

Determination.

Damit GH dem Bogen CB begegne, mufs

$$CG \leqq LB \text{ seyn;}$$

$$\text{also } \left.\begin{matrix} \alpha \\ FC \end{matrix}\right\} : \left.\begin{matrix} CG \\ \\ \end{matrix}\right. \left.\begin{matrix} \\ \left.\begin{matrix} DC \\ \tfrac{1}{2}AB \end{matrix}\right\} : \left\{\begin{matrix} CE \\ \alpha \end{matrix}\right. \end{matrix}\right\} \geqq \alpha : LB$$

$$\text{folglich } \tfrac{1}{2}AB . BL \geqq \alpha^2$$

$$\text{mithin } AB . BL \geqq 2\alpha^2.$$

Beweis.

Es ist $AB \cdot BL \geqq 2\alpha^2$ (Det.)

also $\frac{1}{2}AB \cdot BL \geqq \alpha^2$

folglich $\frac{1}{2}AB : \alpha \geqq \alpha : BL$
$DC : CE$
$FC : CG$
α

mithin $CG \leqq BL$

demnach berührt (Fig. 49. a.) der Kreis den Bogen CB in B, oder schneidet ihn (Fig. 49. b.).

Im ersten Fall ist $\triangle AOB \sim \triangle COP$ (El. VI. 4.)

also $AB : BO = CO : OP$

folglich $AB \cdot OP = BO \cdot OC$
$\frac{1}{2}AB \cdot 2OP$
$CD \cdot BL$
$DC \cdot CG$
$FC \cdot CE$
α^2

Im zweiten Fall ist, wenn $BMA = Q$ und $OP \# AB$,
$\triangle AMB \sim \triangle COP$ (El. VI. 4.)

also $AB : BM = CO : OP$

folglich $BM \cdot CO = AB \cdot OP$
$= \frac{1}{2}AB \cdot 2OP$
$= CD \cdot \begin{cases} HK \\ CG \end{cases}$
$= EC \cdot CF$
$= \alpha^2$.

Zusatz 1.

Verlängert man (Fig. 49. b.) GH bis zum zweiten Durchschnitt H' mit dem verlängerten Bogen CB, so bestimmt H' einen zweiten Punkt Q' auf dem Bogen CB mit der gegebenen Eigenschaft, wie leicht erhellet.

Zusatz 2.

Für einen (Fig. 44. a.), von dem Halbirungspunkte Q des Bogens CB verschiedenen, Punkte q ist, wenn die Linien Aq, Co, oh, hk, Bm gezogen werden,

$$\triangle ABm \backsim \triangle Cop \text{ (El. VI. 4.)}$$

$$\text{also } AB : Bm = Co : op$$

$$\text{folglich } \left.\begin{matrix} AB \, . \, op \\ \frac{1}{2} AB \, . \, hl \end{matrix}\right\} = Bm \, . \, Co$$

Da $BO \, . \, OC = \frac{1}{2} AB \, . \, BL$, und $\frac{1}{2} AB \, . \, BL > \frac{1}{2} AB \, . \, hk$, so ist auch $BO \, . \, OC > Bm \, . \, CO$, mithin bestimmt der Halbirungspunkt von BC ein gröfseres Rechteck, als jeder andere Punkt des Bogens. Auch bestimmen, wie eben so erhellet, die, dem Halbirungspunkte, näher liegenden Punkte gröfsere Rechtecke, als die entfernteren.

Aufgabe 108. (*Fig.* 50.)

Einen, der Gröfse und Lage nach, gegebenen Kreisbogen AB in einem Punkte E so zu theilen, dafs das Verhältnifs der Segmente DE, EG der, in dem Punkte E an den Kreis gelegten, Tangente, welche zwischen dem Berührungspunkte und den Verlängerungen der, durch die Endpunkte der Bogen gezogenen, Halbmesser, enthalten sind, dem Verhältnisse der gegebenen geraden Linien p, q gleich sey.

Analysis.

Es sey E der gesuchte Punkt, dafs also

GE : ED = p : q

so ist GE+ED : GE−ED = p+q : p−q

DG : GL		wenn LE = ED;
AH : GK	(El. III. 30.),	wenn AKH durch den Durchschnitt der Linie CL mit dem Bogen gezogen ist, und H den Durchschnitt mit CG bezeichnet;
AO : OM		wenn AOB = R = KMO;

also ist (Dat. 33. 28. 2.) OM der Gröfse nach, somit der Punkt M, mithin die Lage der geraden Linie MK, folglich der Durchschnitt K derselben mit dem Bogen AB, also die gerade Linie AK, mithin die Lage des Perpendikels CU auf AK, und dessen Durchschnitt E mit dem Bogen gegeben.

Construction.

Man mache AOB = R, OP = p, QP = PQ′ = q, Q′M ⋕ AQ, MK ⋕ CB, CU perpendikular auf die gerade Linie AK, und verlängere CU bis zum Durchschnitt mit dem Bogen in E, so ist E der gesuchte Punkt.

Beweis.

Es ist AO : OM = QO : OQ′

AH : HK	= p+q : p−q	(El. VI. 2.)
DG : GL		wenn DEG eine Tangente ist (El. III. 16.);

$$\left.\begin{array}{l}\text{also } DG+GL:DG-GL \\ 2GE:2ED\end{array}\right\}=2p:2q$$

---

mithin $GE:ED=p:q$.

Zusatz.

Macht man auf der anderen Seite von AO, $Q''O=OQ'$, so bestimmt der Punkt Q'' gleichfalls einen Punkt auf dem Bogen AB mit der gegebenen Eigenschaft, wie leicht erhellet.

Aufgabe 109. (*Fig.* 51.)

Einen, der Lage und Gröſse nach, gegebenen Kreisbogen AB, welcher < als ein Quadrant ist, in einem Punkte E so zu theilen, daſs das Rechteck aus den Segmenten BD, AG der, in den Endpunkten des Bogens AB an den Kreis gelegten, Tangenten, welche zwischen dem Berührungspunkte und dem durch den Theilungspunkt gezogenen Halbmesser enthalten sind, dem Quadrate der gegebenen geraden Linie α gleich sey.

Analysis. (Fig. 51. b.)

Es sey E der gesuchte Theilungspunkt, so ist, wenn BD, AG die Segmente der Tangenten sind, und BDF $=$ACE gemacht wird,

$\triangle CAG \backsim \triangle DBF$ (El. VI. 4.)

---

also $CA:AG=DB:BF$

$$\text{folglich } CA.BF=\left\{\begin{array}{l}AG.DB \\ \alpha^2\end{array}\right.$$

---

mithin $CA:\alpha=\alpha:BF$

demnach ist BF der Gröfse nach, und da sie auch der Lage nach gegeben ist, ist der Punkt F, somit auch die gerade Linie CF der Lage und Gröfse nach gegeben.

$$\text{Ferner ist } BCA = BCD + \begin{cases} ACE \\ BDF \end{cases}$$

$$\text{also } R - BCA = \begin{cases} R - BCD - BDF \\ CDF \end{cases}$$

folglich ist CDF gegeben, mithin liegt der Punkt D auf einem der Lage nach gegebenen Kreisumfange (El. III. 33.), ist also gegeben (Dat. 28.), mithin ist auch der Punkt E gegeben.

Construction.

Man beschreibe über dem Halbmesser CB einen Halbkreis, lege in denselben die Sehne $BH = a$, mache $HFB = R = ACK$, $CM = MF$, $CMO = R$, beschreibe aus dem Durchschnitte O der Linie MO mit AC, als Mittelpunkt, mit einem Radius $= OC$, einen Kreis, und verbinde den Punkt D, in welchem derselbe die Linie BD, wenn $DBC = R$, erreicht, mit C, durch die gerade Linie CD, so ist der Durchschnitt E dieser Linie mit dem Kreisbogen der gesuchte Punkt.

Determination.

Damit der Kreis die Linie BD erreiche, mufs seyn

$$OC \overline{>} MB.$$

$$\text{Nun ist } MC = \frac{CB - BF}{2}$$

$$\text{also } 2MC \cdot CB = CB^2 - \begin{cases} CB \cdot BF \\ a^2 \end{cases}$$

$$\text{Ferner ist } AM = BC - CM$$

$$\text{also } 2MB.BC=2BC^2-\begin{cases}2BC.CM\\ CB^2-\alpha^2\end{cases}$$

$$=BC^2+\alpha^2$$

$$\text{folglich } CM:MB=BC^2-\alpha^2:BC^2+\alpha^2.$$

$$\text{Es ist aber } OC:CM=1:\cos.ACB$$

$$\text{mithin } OC:MB=BC^2-\alpha^2:(BC^2+\alpha^2)\cos.ACB$$

$$\text{demnach muſs seyn } BC^2-\alpha^2\geqq(BC^2+\alpha^2)\cos.ACB$$

$$\text{somit } BC^2(1-\cos.ACB)\geqq\alpha^2(1+\cos.ACB)$$

$$\text{folglich } BC^2:\alpha^2\geqq\begin{cases}1+\cos.ACB:1\text{-}\cos.ACB\\ 1:\overline{\tan.\tfrac{1}{2}ACB}^2\end{cases}$$

$$\text{mithin } BC:\alpha\geqq1:\tan.\tfrac{1}{2}ACB$$

$$\text{demnach } \alpha\leqq BC.\tan.\tfrac{1}{2}ACB.$$

Beweis.

$$\text{Es ist } \alpha\leqq BC.\tan.\tfrac{1}{2}ACB.$$

$$\text{Nun ist } ACB<R$$

$$\text{also } \tfrac{1}{2}ACB<\tfrac{1}{2}R$$

$$\text{folglich } \tan.\tfrac{1}{2}ACB<1$$

$$\text{mithin } \alpha<BC$$

demnach läſst sich die Linie $BH=\alpha$, als Sehne, in den Halbkreis über BC legen.

$$\text{Ferner ist } BC:\alpha\geqq1:\tan\tfrac{1}{2}ACB$$

$$\text{also } BC^2:\alpha^2\geqq\begin{cases}1:\overline{\tan.\tfrac{1}{2}ACB}^2\\ 1+\cos.ACB:1-\cos.ACB\end{cases}$$

folglich $BC^2(1-\cos.ACB) \overline{\overline{>}} \alpha^2(1+\cos.ACB)$

mithin $BC^2-\alpha^2 \overline{\overline{>}} (BC^2+\alpha^2)\cos.ACB.$

Es ist aber $OC:MB = BC^2-\alpha^2 : (BC^2+\alpha^2)\cos.ACB$

somit auch $OC \overline{\overline{>}} MB$

also berührt (Fig. 51. a.), oder schneidet (Fig. 51. b.) der Kreis die Linie BD, welche in B auf BC perpendikular aufgerichtet ist.

Und es ist $BDF = R - BCD - \left\{\begin{matrix} CDF \\ R-ACB \end{matrix}\right.$

$= ACD$

also $\triangle ACG \backsim \triangle BDF$ (El. VI. 4.)

folglich $CA : AG = DB : BF$

mithin $AG . BD = \left\{\begin{matrix} CA . BF \\ CB . BF \\ BH^2 \\ \alpha^2. \end{matrix}\right.$

Zusatz 1.

Es erhellet von selbst, dafs es im Fall eines Durchschnittes zwey Punkte mit der gegebenen Eigenschaft giebt.

Zusatz 2.

Da im Fall des Berührens (Fig. 51, a.) $\left.\begin{matrix} BDF \\ OCD \end{matrix}\right\} = FCD$,

so ist E der Halbirungspunkt des Bogens, und die Punkte G, D fallen zusammen.

Znsatz 3.

Da es einen Durchschnitt giebt, wenn $\alpha > BC.\tan.\frac{1}{2}BAC$, so ist das Rechteck aus den Segmenten der Tangenten, welches der Halbirungspunkt des Bogens bestimmt, gröfser, als jedes, welches durch einen anderen Punkt bestimmt wird. Auch bestimmen die auf einerley Seite des Halbirungspunktes näher liegenden Punkte gröfsere Rechtecke, als die entfernteren.

Aufgabe 110. (*Fig.* 52.)

An zwey, der Gröfse und Lage nach, gegebene Kreise, deren Mittelpunkte C, D sind, von einem Punkte einer, der Lage nach gegebenen, geraden Linie AB gleiche Tangenten zu ziehen.

Analysis.

Es seyen LM, MK die gesuchten Tangenten, so ist, wenn MC, CL, MD, DK gezogen werden,

$$ML^2 = MC^2 - CL^2,\quad MK^2 = MD^2 - DK^2$$

$$\text{also } MC^2 - CL^2 = MD^2 - DK^2$$

$$\left.\begin{array}{rr} \text{folglich} & MC^2 - MD^2 \\ \text{(El. I. 47.)} & CH^2 - HD^2 \\ \text{(El. II. 4.)} & (CH+HD)(CH-HD) \\ & DC \,.\, CG \end{array}\right\} = CL^2 - DK^2 \quad \begin{array}{l} \text{wenn } MHC = R; \\ \\ \text{wenn } GH = HD; \end{array}$$

Da $CL^2 - DK^2$ gegeben ist, so ist DC.CG, und weil DC gegeben ist, CG (Dat. 61.), folglich GD, mithin $GH = \frac{1}{2}CD$, somit der Punkt H, demnach die Lage der Linie HM, also der Punkt M gegeben.

Aufgabe 111. (*Fig.* 53. a.)

Den Ort für die Punkte zu suchen, in welchem die, in einer Ebene, an zwey, der Gröfse und Lage nach, gegebene Kreise, deren Mittelpunkte A, B sind, gezogene Tangenten CM, MD, deren Verhältniſs dem Verhältniſse der gegebenen geraden Linien p, q gleich ist, zusammentreffen.

Analysis.

Es seyen CM, MD zwey Tangenten, deren Verhältniſs $=p:q$, es sey FG eine beiden Kreisen gemeinschaftliche Tangente, und E so bestimmt, daſs $FE:EG = p:q$, so ist, wenn die gerade Linie AB gezogen, $MIA = R = EHA$ gemacht, und durch M, E ein Kreis beschrieben wird, dessen Mittelpunkt auf der geraden Linie AB, oder ihrer Verlängerung, in O liegt, auch die geraden Linien MO, OE gezogen werden,

$$\left.\begin{matrix} AO^2+\left\{\begin{matrix}OM^2\\OE^2\end{matrix}\right\} \\ AE^2+2AO\,.\,OH\end{matrix}\right\} = AM^2+2AO\,.\,OI \quad \text{(El. II. 13.)}$$

$$\text{also}\ \left.\begin{matrix} AE^2-AM^2 \\ AF^2+FE^2-AC^2-CM^2 \\ FE^2-CM^2\end{matrix}\right\} = \left\{\begin{matrix} 2AO(IO-OH) \\ 2AO\,.\,IH\end{matrix}\right.$$

Eben so ist

$$\left.\begin{matrix} BO^2+\left\{\begin{matrix}OM^2\\OE^2\end{matrix}\right\} \\ BE^2+2BO\,.\,OH\end{matrix}\right\} = BM^2+2BO\,.\,OI \quad \text{(El. II. 13.)}$$

$$\text{also}\ \left.\begin{matrix} BE^2-BM^2 \\ BG^2+GE^2-BD^2-DM^2 \\ GE^2-DM^2\end{matrix}\right\} = \left\{\begin{matrix} 2BO(IO-OH) \\ 2BO\,.\,IH\end{matrix}\right.$$

$$\text{folglich}\ FE^2-CM^2 : GE^2-DM^2 = \left\{\begin{matrix} 2AO\,.\,IH : 2BO\,.\,IH \\ AO : OB.\end{matrix}\right.$$

$$\text{Da}\ FE:EG = \left\{\begin{matrix} p:q \\ CM:MD\end{matrix}\right.$$

$$\text{so ist}\ FE^2 : EG^2 = CM^2 : MD^2$$

also $\left.\begin{array}{c} FE^2-CM^2:EG^2-MD^2 \\ AO:OB \end{array}\right\} = \left\{\begin{array}{c} FE^2:EG^2 \\ p^2:q^2 \end{array}\right.$

folglich ist AO : OB, mithin (Dat. 8.) der Pu kt O, somit die gerade Linie OE, demnach der, aus O, als Mittelpunkt, mit einem Radius =OE, beschriebene Kreis gegeben. Da der Punkt M auf dem Umfange desselben liegt, so ist der gesuchte Ort gefunden.

Zusatz.

Sind drey-Kreise in einer Ebene, der Gröſse und Lage nach, gegeben, so giebt der Durchschnitt zweyer Oerter den Punkt, an welchem drey, in gegebenem Verhältniſse stehende, Tangenten an die Kreise in gegebenem Verhältniſse gezogen werden können.

Aufgabe 112. (*Fig.* 53. b.)

An zwey, der Gröſse und Lage nach, gegebene Kreise, deren Mittelpunkte B, C sind, von einem Punkte einer, der Lage nach gegebenen, geraden Linie FG, die Tangenten DA, AE zu ziehen, welche mit der Linie FG gleiche Winkel bilden.

Analysis.

Es seyen DA, AE die gesuchten Tangenten, so ist, wenn EA über A hinaus verlängert wird, HAK=DAH. Macht man BHA=R, verlängert BH um LH=HB, und zieht BA, AL, so ist

BAH=HAL (El. I. 4.)

also DAB=LAK

folglich △DAB ≅ △AKL (El. I. 26.), wenn LKA=R gemacht, und BD gezogen wird;

mithin LK=DB

demnach ist ein aus L mit LK beschriebener Kreis, der Gröfse und Lage nach, gegeben, und weil AK eine Tangente dieses Kreises ist, die Aufgabe auf die andere reducirt: an zwey, der Gröfse und Lage nach, gegebene Kreise eine gemeinschaftliche Tangente zu ziehen.

Aufgabe 113. (*Fig.* 54.)

Zwischen zwey, der Gröfse und Lage nach, gegebene concentrische Kreise ein, der Art nach gegebenes, Dreieck ABC zu legen.

Analysis.

Es sey ABC das gesuchte Dreieck, so ist, wenn CA bis zum Durchschnitt D mit dem gröfseren Kreise verlängert wird, BD der Gröfse nach gegeben (Dat. 91,). In so fern der Punkt D als gegeben angesehen wird, ist also auch der Punkt B gegeben. Da BAC gegeben ist, so ist der Winkel DAB, folglich ein über DB des Winkels DAB fähiger Kreisabschnitt, mithin der Punkt A (Dat. 28.), somit das Dreieck ABC gegeben.

Aufgabe 114. (*Fig.* 55.)

Ein Quadrat zu beschreiben, in welchem der Ueberschufs der Diagonale über die Seite einer gegebenen geraden Linie gleich sey.

Analysis.

Es sey ABCD das gesuchte Quadrat, so ist, wenn EA=AB, CEF=R gemacht wird,

$$\frac{\triangle CEF \backsim \triangle CBA}{\text{folglich } CE : EF = CB : BA}$$

$$\overline{\text{also } CE = EF.}$$

Zieht man die gerade Linie AF, so ist $\triangle AEF \cong \triangle ABF$, weil EA=AB, AF=FA, AEF=R=ABF, also ist EF=FB, folglich ist BF gegeben. Da $CF^2 = CE^2 + EF^2 = 2CE^2$, so ist CF, mithin CB, somit CB^2 gegeben.

Aufgabe 115. (*Fig.* 56.)

Einen **Kreis** zu beschreiben, welcher einen, der Gröfse und Lage nach, gegebenen Kreis, dessen Mittelpunkt C ist, und eine der Lage nach gegebene gerade Linie MN berühre, und durch einen gegebenen Punkt A gehe.

Analysis.

Es sey ADG der gesuchte Kreis, K der Mittelpunkt, $\begin{Bmatrix} G \\ F \end{Bmatrix}$ der Berührungspunkt $\begin{Bmatrix} \text{des Kreises} \\ \text{der Linie} \end{Bmatrix}$, so ist, wenn die durch G gehende gerade Linie CK, und die, den gegebenen Kreis in B, H schneidende, auf MN perpendikulare gerade Linie CE, auch sowohl die gerade Linie BG, als GF, FK gezogen wird,

$$\frac{\triangle BCG \backsim \triangle GKF \text{ (El. VI. 6.)}}{\text{also } KGF = CGB}$$

folglich ist BGF eine gerade Linie (El. I. 15. Conv.), mithin DB . BA=GB . BF (El. III. 36.), wenn die, den Kreis ADG in D schneidende, gerade Linie AB gezogen wird;

=HB . BE (El. III. 31. VI. 4. 16.), wenn die gerade Linie GH gezogen wird;

somit AB : BE=HB : BD (El. VI. 16.)

demnach ist BD, also der Punkt D gegeben, folglich die Aufgabe auf die andere reducirt: einen Kreis zu beschreiben, welcher durch zwey gegebene Punkte gehe, und eine der Lage nach gegebene gerade Linie berühre.

Aufgabe 116. (*Fig.* 57.)

Einen Kreis zu beschreiben, welcher zwey, der Lage nach gegebene, gerade Linien BA, AD, und einen zwischen denselben, der Lage nach gegebenen, keine derselben erreichenden Kreis, dessen Mittelpunkt C sey, berühre.

Analysis.

Es seyen O, K, L, M der Mittelpunkt und die Berührungspunkte des gesuchten Kreises, so ist, wenn KL, LM, MK gezogen, auch letztere bis zu den Durchschnitten F, E mit dem gegebenen Kreise verlängert werden, und wenn man die gerade Linie EF zieht, auch in M die gemeinschaftliche Tangente TU beider Kreise anlegt,

KMT } =KLM (El. III. 32.)
UMF }
(El. III. 32.) MEF }

also KL ‡ EF (El. I. 29.)

folglich KA : AL=GA : AH, wenn die Verlängerung von EF die Linien GA, AH in G, H schneidet;

mithin GA=AH (El. III. 17.).

Zieht man die (El. III. 12.) durch M laufende gerade Linie OC, so ist, wenn die geraden Linien KO, FC gezogen werden, △KOM ∽ △MCF (El. VI. 7.)

also MOK=MCF

folglich KO ∥ FC

mithin FBA=OKA, wenn die verlängerte FC der Linie AG in B begegnet;

=R

demnach ist die Lage der Linie CB (Dat. 33.), somit der Punkt F (Dat. 28.) gegeben.

Da eben so gezeigt werden kann, dafs der Punkt E gegeben sey, so sind auch die Punkte G, H gegeben. Macht man GI=HE, und zieht die gerade Linie IK, so ist △KGI ≅ △LEH (El. I. 4.)

also KIG= { LEH
ELK (El. I. 29.)
GKF (El. III. 32.) }

folglich △KGF ∽ △IGK (El. VI. 4.)

mithin FG : GK=KG : GI

demnach ist GK, somit der Punkt K, also sind auch die Punkte M, L gegeben, folglich ist der gesuchte Kreis gefunden.

Anmerkung.

Fig. 57. giebt in den beiden Theilen (Fig. 57. a. b.) Anleitung, wie 4 Kreise mit den gegebenen Eigenschaften zu finden sind.

Aufgabe 117. (*Fig.* 58.)

Einen Kreis zu beschreiben, welcher zwey, der Gröſse und Lage nach gegebene, ungleiche Kreise, deren Mittelpunkte A, B seyen, und eine, der Lage nach gegebene, gerade Linie CD, welche keinen der Kreise erreicht, berühre.

Analysis.

Es seyen O, M, N, P der Mittelpunkt und die Berührungspunkte des gesuchten Kreises, so ist, wenn die geraden Linien MN, NP, PM gezogen, bis zu den Durchschnitten H, G, F, E mit den Kreisen verlängert, und EG, FH gezogen werden,

$EG \parallel FP$, $FH \parallel EP$ (El. III. 32.)

also $\triangle EGM \sim \triangle MNP \quad \triangle NHF$ (El. VI. 4.)

folglich $\triangle EAM \sim \triangle MOP \sim \triangle FBH$ (El. III. 20. VI. 4.)

mithin $EA \parallel OP \parallel FB$

somit $ECP - FDP = R$ (El. I. 29.), wenn die verlängerten EA, FB die Linie CD in C, D schneiden;

demnach sind die Punkte E, F, C, D gegeben (Dat. 33. 28.). Zieht man die geraden Linien EF, AB, so schneiden die Verlängerungen derselben einander in dem Punkte K, so daſs $AK : KB = EA : BF$ (El. VI. 4.), also ist (Dat. 8.) der Punkt K gegeben.

Macht man die Sehne $GI \parallel EF$, und zieht die gerade Linie IM, welche verlängert der Linie EK in L begegne, so ist $EPF = PEG$ (El. I. 29.)

$$= 2R - \begin{cases} GIM \\ MLK \end{cases}$$

$$= MLE$$

also $FE : EP = ME : EL$ (El. VI. 4.).

Es ist CE : EP=ME : EU, wenn U der Durchschnitt der Linie EC mit dem Kreisumfange ist;

folglich FE . EL=CE . EU (El. VI. 16.)

mithin FE : EC=UE : EL

demnach iss EL (Dat. 2.), somit KL gegeben. Legt man in G eine Tangente GQ an den Kreis, welche der verlängerten FE in Q begegne, so ist

QGM= { GIM (El. III. 32.)
MLK

also LK : KM=GK : KQ

folglich LK . KQ=GK . KM.

Da GK . KM gegeben ist (Dat. 95,), so ist LK . KQ, mithin KQ (Dat. 61.), somit der Punkt Q, also der Punkt G, somit der Kreis MNP gegeben.

Aufgabe 118. (*Fig.* 59.)

Einen Kreis zu beschreiben, welcher zwey, der Gröſse und Lage nach gegebene, einander ungleiche Kreise, deren Mittelpunkte A, B sind, berühre, und durch einen gegebenen Punkt F gehe.

Analysis.

Es seyen C, D, E der Mittelpunkt und die Berührungspunkte des gesuchten Kreises, so ist, wenn die gerade Linie DE gezogen, und bis zum Durchschnitt I mit der Verlängerung der geraden Linie AB verlängert wird, CDE=CED also ADG = BEN, wenn AD, BE gezogen werden, und G, N die Durchschnittspunkte der verlängerten DE mit den Kreisen sind;

AGD = EBN (El. I. 5.), wenn die gerade Linie AG gezogen wird;

---

folglich AG $\#$ EB (El. I. 28.)

---

mithin GAL = EBK (El. I. 29.)

---

somit GLA = EKB, wenn E, G mit den Durchschnitten K, L der Linie AG und ihrer Verlängerung mit den Kreisen verbunden wird (El. I. 5.);

EDH wenn D mit dem Durchschnitte H der Linie AB und des gröſseren Kreises verknüpft wird;

---

demnach EDH + EKH = { EKB + EKH
2R

also liegen D, E, K, H auf dem Umfange eines Kreises (El. III. 22.), folglich ist

HI . IK = { DI . IE (El. III. 36.)
FI . IM (El. III. 36.), wenn M den Durchschnitt der geraden Linie mit dem gesuchten Kreise bezeichnet;

---

mithin FI : IH = KI : IM

demnach ist IM der Gröſse nach gegeben.

Da AI : IB = AG : BE (El. VI. 4.)

so ist, wegen des gegebenen Verhältnisses AG : BE, der Punkt I (Dat. 8.), also die gerade Linie IF der Lage nach, folglich der Punkt M gegeben, mithin ist die

Aufgabe auf die andere reducirt: einen Kreis zu beschreiben, welcher durch zwey gegebene Punkte gehet, und einen, der Gröſse und Lage nach gegebenen, Kreis berührt.

Andere Analysis

nach Rob. Simson (s. dessen opera reliqua, App. p. 21.)

Es seyen C, D, E der Mittelpunkt und die Berührungspunkte des gesuchten Kreises, so ist, wenn DE bis zu dem Durchschnitte I mit der verlängerten AB verlängert wird, und, wie vorhin, die geraden Linien DC, CE, DG, EN, GA, AD, EB, BN gezogen werden,

CDE ⎫ = ⎧ CED
ADG ⎬ ⎨ BEN
AGD ⎭

---

also AG#ED

---

folglich AI : IB = GI : IE
mithin (Dat. 8.) der Punkt I gegeben.

Zieht man die, den gröſseren Kreis in Q schneidende, gerade Linie FD, so ist, wenn die geraden Linien QG, EF gezogen werden, und in D die zweyen Kreisen gemeinschaftliche Tangente TU angelegt wird,

TDG ⎫ = DQG (El. III. 32.)
UDE ⎬
(El. III. 32.) DFE ⎭

---

also QG#EF

---

folglich RI : IF = GI : IE (El. VI. 4.), wenn die verlängerte QG der verlängerten IF in R begegnet;
= AI : IB

mithin ist (Dat. 8.) der Punkt R gegeben. Demnach

gehen die Verlängerungen der Seiten des, in dem grö-fseren Kreise liegenden, Dreieckes DGQ durch die, in gerader Linie gegebenen, Punkte R, F, I, also können die Punkte G, D, Q nach Aufg. 142. gefunden werden, folglich ist der gesuchte Kreis gegeben.

Aufgabe 119. (*Fig.* 60.)

An einem gegebenen Dreiecke drey Kreise zu beschreiben, wovon jeder die beiden anderen und zwey Seiten des Dreieckes berühre, so aber, dafs einer von ihnen die beiden übrigen umschliefse.

Analysis.

Es sey ABC das gegebene Dreieck; DIF und EIG seyen zwey der verlangten Kreise, die einander in I, die Seiten des Dreieckes aber in D, E, F, G berühren. Der dritte Kreis kann, wenn er jene berühren, sie umschliefsen, und zugleich zwey Seiten des Dreieckes berühren soll, nicht anders, als durch D und E gehen, und mufs die Seiten AB, AC in diesen Punkten berühren. DEP sey dieser dritte Kreis. Da die 3 Kreise einander berühren, so müfsen die gemeinschaftlichen Tangenten in den Berührungspunkten in einem Punkte zusammentreffen, oder, die Tangente an I mufs durch A gehen AI treffe BC in K, so ist der Kreis DFI in dem Dreiecke ABK, und der Kreis EIG in dem Dreiecke AKC eingeschrieben; und diese Kreise wären bestimmt, wenn nur noch AK, oder der Punkt K gefunden wäre. Zieht man durch B und M, C und N gerade Linien, welche sich in O treffen, so ist O der Mittelpunkt eines in das gegebene Dreieck eingeschriebenen Kreises. Zieht man OK, so bleibt die Lage dieser Linie zu untersuchen.

Da der Kreis DOF im Dreieck ABK eingeschrieben ist, so ist AD=AI, BD=BF, KI=FK; daher 2AI=AB+AK—BK. Eben so, da der Kreis IGF im Dreieck AKC eingeschrieben ist, hat man 2AI=AC+AK—KC, daher AB—BK=AC—KC, oder AB—AC=BK—KC.

Es ist aber auch BC=BK+KC

daher AB+BC—AC=2BK

also steht OK senkrecht auf BC, somit ist der Punkt K, die Linie AK, und alles übrige gegeben.

Construction.

Man halbire zwey Winkel des gegebenen Dreieckes z. B. ABC, ACB; vom Punkte O, worin die halbirenden Linien zusammentreffen, fälle man eine senkrechte OK auf eine der Seiten BC; verbinde K mit A, und beschreibe in jedes der Dreiecke ABK, ACK einen Kreis ein. Die Kreise seyen DIF, EIG. Durch die Berührungspunkte D, E und die Mittelpunkte M, N ziehe man die geraden Linien DH, HE, und beschreibe aus H als Mittelpunkt mit DH, oder HE wieder einen Kreis, welcher der dritte der verlangten seyn wird.

Beweis.

Da DIF ein im Dreieck ABK eingeschriebener Kreis ist, so ist 2AD=AB+AK—BK; eben so ist in △ACK

2AE=AC+AK—CK

oder 4AD+2BK=2AB+2AK

4AE+2CK=2AC+2AK

Da aber wegen Halbirung der Winkel ABC, ACB der Punkt O von den drey Seiten des gegebenen Dreieckes gleich weit absteht, und OK senkrecht auf BC ist, so ist 2BK=AB+BC—AC

2CK=AC+BC—AB

daher ist $4AD+AB+BC-AC=2AB+2AK$

$$4AE+AC+BC-AB=2AC+2AK$$

oder $4AD=AB-BC+AC+2AK$

$$4AE=AB-BC+AC+2AK$$

mithin $AD=AE$. Also sind auch die Entfernungen des Punktes A von den Berührungspunkten der Kreise DF und EG mit AK gleich, oder diese Kreise berühren AK in demselben Punkte I, also auch einander selbst in diesem Punkte. Endlich da $AD=AE$, so ist $\triangle ADH \cong \triangle AEH$, $DH=HE$, also berührt der dritte aus H mit DH beschriebene Kreis auch die beiden anderen und die Seiten AB, AC in D und E.

Aufgabe 120. (Fig. 61.)

Auf der, der Lage nach gegebenen, geraden Linie AB, auf welcher die Punkte A, D, B gegeben sind, einen Punkt L zwischen D, B zu finden, das das, zwischen den Umfängen der über AB, DL beschriebenen Kreise liegende, Segment EF der, von B an den zweiten Kreis gezogenen, Tangente BF der Linie AD gleich sey.

Analysis. (Fig. 61. a.)

Es seyen O, DL, der Mittelpunkt und Durchmesser des gesuchten Kreises, F der Berührungspunkt der Tangente BF, deren Verlängerung dem Kreise über AB in E begegne, so ist, wenn die geraden Linien OF, AE gezogen werden, $\underline{AEB=R=OFB}$ (El. I. 31. III. 18.)

also $AE \parallel OF$.

Zieht man die den Umfang des gegebenen Kreises in G schneidende gerade Linie $BG \parallel AE$, auch $FH \parallel AE$, welche von der geraden Linie AG in H geschnitten werde, so ist $\left.\begin{matrix}EF\\DA\end{matrix}\right\}$ = AH, BF = HG (El. I. 34.).

Macht man ADI = R, und zieht den Durchschnitt I der Linie DI und FH mit dem Punkte A durch die gerade Linie AI zusammen, so ist

$$\triangle ADI \cong \triangle IAH$$

$$\text{also } DAI = IAH, \left\{\begin{matrix}DI\\FB\\HG\end{matrix}\right\} = IH \qquad \text{(El. I. 26.)}$$

folglich ist, wenn die, den Bogen AEB in M schneidende, gerade Linie GI gezogen wird,

$$\left.\begin{matrix}KGI\\KGM\end{matrix}\right\} = \left\{\begin{matrix}IGH\\MGA\end{matrix}\right.$$

$$\text{in arc. } AM = \text{arc. } MB$$

$$\text{mit } MAC = \tfrac{1}{2}R, \text{ wenn die gerade Linie AM gezogen wird;}$$

$$\text{ach } MAI = \left\{\begin{matrix}\tfrac{1}{2}R\\MGA\end{matrix}\right\} + \left\{\begin{matrix}DAI\\GAI\end{matrix}\right.$$

$$= MIA$$

$$\text{also } AM = MI$$

folglich liegt der Punkt I auf dem Umfange eines, der Gröſse und Lage nach gegebenen, Kreises, ist mithin, da er auch auf der, der Lage nach gegebenen, Linie DI liegt, gegeben, somit ist die gerade Linie MI der Lage nach, also der Durchschnitt G der Verlängerung derselben mit dem Kreise, mithin die Linie AG, somit BF ♯ AG, IF ♯ BG, also sowohl der Punkt F, als der Punkt O, somit die gerade Linie OD gegeben.

Zusatz.

Da der, aus M mit einem Radius $=$MA beschriebene, Kreis die Linie DI zweymal schneidet, so bestimmt der zweite Durchschnitt I′ (Fig. 61. b.) einen zweiten Kreis über der Linie DL′ mit der Eigenschaft, daſs das, zwischen die Peripherieen der Kreise fallende, Segment E′F′ der, von B an den Kreis über DL gezogenen, Tangente BF′$=$AD wird, welches aus der Figur leicht erhellet.

Anmerkung 1.

Da HI$=$IK, wenn IKG$=$R gemacht wird, also ein aus I als Mittelpunkt mit einem Radius $=$IH beschriebener Kreis die Linien AB, BG in D, K berührt, so ist

DB$=$BK (El. III. 17.)

$$\text{also } BD-DA=BK-\left\{\begin{matrix}DA\\AH\end{matrix}\right.$$
$$=BG-GA$$
$$=AE-EB$$

mithin läſst sich △AEB nach Aufg. 7. Zus. 2., somit der Punkt O finden.

Anmerkung 2.

Da AE—EB$=$BD—DA (Anm. 1.)

$$\text{so ist } \left.\begin{matrix}AE^2+EB^2\\AB^2\\AD^2+DB^2+2AD.DB\end{matrix}\right\}-2AE.EB=BD^2+DA^2-2BD.DA$$

$$\text{also } 2AD.DB=\left\{\begin{matrix}AE.EB\\AB.EQ, \text{ wenn } EQB=R;\end{matrix}\right.$$

folglich AB : BD$=$2AD : EQ

mithin ist EQ, somit E, und das Dreieck AEB, wie der Punkt O, gegeben.

Anmerkung 3.

Pappus führt in seinen collection. math. diese Aufgabe auf einen Fall der Schrift des Apoll. de sect. det. zurück. Kraft (Geom. subl. §. 208.) und Klügel (Wörterb. Art. Anw. der Alg. auf Geom.) bringen dieselbe auf eine quadratische Gleichung, welche zu keiner einfachen Auflösung führt.

Aufgabe 121.

Den Punkt zu finden, in welchem die Entfernungen dreyer, der Lage nach gegebenen, mit jenem Punkte in einerley Ebene sich befindenden, geraden Linien unter gegebenen Winkeln erscheinen. Siehe Euklids Data, herausgeg. von Schwab, Stuttgart 1780. Aufg. 28. Des Apoll. ebene Oerter, herausgeg. von Camerer, 2. Anh., Aufg. 5. Ebene Trigonometrie von Pfleiderer, Tübingen 1802 §. 119.

Aufgabe 122. (*Fig.* 62.)

Auf den, in einer Ebene der Lage nach gegebenen, in einem Punkte sich schneidenden, geraden Linien BA, AC, AD die Punkte B, C, D zu finden, so daſs deren gegenseitige Entfernungen BC, CD, DB den gegebenen geraden Linien a, b, c gleich seyen.

Fall 1.

Es sey $c = a + b$ (Fig. 62. a.).

Analysis.

Es seyen die, in gerader Linie liegenden, Punkte B, C, D die gesuchten, so ist, wenn CE ‡‡ AB gezogen, und bis zum Durchschnitt mit AD in E verlängert wird,

ECA=BAC (El. I. 29.), also $\triangle$EAC der Art nach (Dat. 43.), folglich das Verhältnifs AC : CE gegeben. Da

BA : CE=BD : DC

= c : b, so ist auch das Verhältnifs BA : CE, somit das Verhältnifs BA : AC (Dat. 9.), mithin $\triangle$BAC der Art nach (Dat. 44.), also der Winkel ACB gegeben. Da BC der Gröfse nach gegeben, so sind (Dat. 37. 34. 28.) die Punkte B, C, somit ist auch der Punkt D gegeben.

Construction und Beweis

lassen sich aus der Analysis leicht herleiten.

Fall 2.

Es sey c>a+b (Fig. 62. b.).

Analysis.

Es seyen B, C, D die gesuchten Punkte, so läfst sich, wenn BDE=BAC gemacht, und DE bis zum Durchschnitt E mit AC verlängert wird, ein Kreis durch die Punkte A, D, E, B beschreiben, also ist DBE=DAE, folglich ist das Verhältnifs BD : DE gegeben. Da auch das Verhältnifs BD : DC gegeben ist, so ist das Verhältnifs ED : DC gegeben. Da die Winkel BDC, BDE gegeben sind, so ist der Winkel EDC, folglich das Dreieck EDC der Art nach, mithin der Winkel DCE, somit der Winkel DCG, also das Dreieck DCG der Art nach, folglich das Verhältnifs CD : DG, mithin die Linie DG, somit die Linie BG gegeben. Also ist dieser Fall auf den vorhergehenden reducirt.

Construction, Determination, Beweis

ergeben sich aus der Analysis.

Aufgabe 123. (*Fig.* 63.)

Ein Dreieck zu beschreiben, dessen Grundlinie BC, Winkel A der Spitze gegeben seyen, und worin das Verhältnifs eines Schenkels BA zu demjenigen Segmente CD des anderen, welches zwischen der Grundlinie BC und einem, in einer Entfernung von der Spitze A = der gegebenen geraden Linie α gelegenen, Punkte D enthalten ist, dem Verhältnifse der gegebenen geraden Linien p, q gleich sey.

Analysis.

Es sey $\triangle$BAC das verlangte, so ist verm. (Dat. 76.)

$$\left.\begin{array}{l} (BA+AC)^2 \\ \left(\frac{p.BA+p.AC}{p}\right)^2 \\ \left(\frac{p.BA+p.CD+p\alpha}{p}\right)^2 \\ \left(\frac{(p+q)BA+p\alpha}{p}\right)^2 \\ \left(\frac{p+q}{p}\right)^2\left(BA+\frac{p}{p+q}\alpha\right)^2 \end{array}\right\} - BC^2 : \triangle ABC = 4EG:GA, \text{ wenn } EA=AC,\ AGE=R;$$

$$= 4 : \tan.\tfrac{1}{2}BAC$$

$$= 4\cos.\tfrac{1}{2}BAC : \sin.\tfrac{1}{2}BAC$$

Es ist $LB : BA = \sin.BAC : 1$, wenn $BLA = R$;

$$\left.\begin{array}{l} \tfrac{1}{2}CA.BL \\ \triangle ABC \end{array}\right\} : \left\{\begin{array}{l} \tfrac{1}{2}CA.AB \\ \frac{(\alpha+\frac{q}{p}AB)AB}{2} \end{array}\right\} \left\{\begin{array}{l} = \sin.BAC : 1 \\ = 2\sin.\tfrac{1}{2}BAC.\cos.\tfrac{1}{2}BAC : 1 \end{array}\right.$$

---

also ist
$$\left(\frac{p+q}{p}\right)^2\left(BA+\frac{p}{p+q}\alpha\right)^2 - BC^2 : \frac{(\alpha+\frac{q}{p}AB)AB}{2}$$
$$= 8\overline{\cos.\tfrac{1}{2}BAC}^2 : 1$$

---

folglich $\left(BA+\frac{q}{p+q}\alpha\right)^2-\left(\frac{p}{p+q}\right)^2BC^2:\left\{\begin{matrix}\left(\alpha+\frac{q}{p}AB\right)AB\\ \frac{q}{p}\left(\frac{p}{q}\alpha+AB\right)AB\end{matrix}\right\}$

$=4p^2\overline{\cos.\frac{1}{2}BAC}^2:(p+q)^2$

---

mithin $\left(BA+\frac{p}{p+q}\alpha\right)^2-\left(\frac{p}{p+q}BC\right)^2:\left(\frac{p}{q}\alpha+AB\right)AB$

$=4pq\overline{\cos.\frac{1}{2}BAC}^2:(p+q)^2$

d. i. $(BA+\beta)^2-\gamma^2:(AB+\delta)AB=4pq\overline{\cos.\frac{1}{2}BAC}^2:(p+q)^2$, wenn $\frac{p}{p+q}\alpha=\beta$, $\frac{p}{p+q}BC=\gamma$, $\frac{p}{q}\alpha=\delta$ gesetzt wird; oder es ist, wenn man $AB=bx=x$, $be=\beta$, $ae=ed'=\gamma$, $bc=\delta$ setzt, $\left.\begin{matrix}Ex^2-EA^2\\ ax.xd\end{matrix}\right\}:bx.xc=4pq\overline{\cos.\frac{1}{2}BAC}^2:(p+q)^2$

also ist die Aufgabe auf Apollonius von Perga de sect. det. Buch II. Aufg. 3. reducirt.

Aufgabe 124. (*Fig.* 64.)

Durch drey, in einer Ebene der Lage nach gegebene, gerade Linien, AB, AC, CD, welche einander nicht in einem und demselben Punkte schneiden, eine gerade Linie DEF zu legen, deren zwischen jene Linien fallende Segmente DE, EF gegebenen geraden Linien gleich seyen.

Analysis.

Es sey DEF die gesuchte Linie, so ist, wenn EL ♯BC gezogen wird, $\left.\begin{matrix}AE:EL=AB:BC\\ EL:CD=EF:FD\end{matrix}\right\}$ (El. VI. 4.)

$=BC:CG$, wenn $BC:CG$ $=EF:FD$;

---

also AE : CD = AB : CG

folglich EB : DG = AB : CG (El. V. 19.)

also ist BE : DG gegeben. Da auch DE der Gröfse nach, und der Winkel DBE gegeben ist, so ist die Aufgabe auf die vorhergehende reducirt.

Anmerkung.

Die Aufgabe: auf jeder von drey, in einer Ebene der Lage nach gegebenen, nicht in einem Punkte sich schneidenden, geraden Linien einen Punkt zu finden, so dafs deren gegenseitige Entfernungen gegebenen geraden Linien gleich seyen, fällt zusammen mit der anderen:

Ein der Art und Gröfse nach gegebenes Dreieck an ein anderes, gleichfalls der Art und Gröfse nach gegebenes, Dreieck so zu legen, dafs die Winkelpunkte des ersteren auf die Seiten des letzteren, oder die Verlängerungen desselben fallen.

Aufgabe 125. (*Fig.* 65.)

Durch zwey, in der Ebene eines, der Gröfse und Lage nach gegebenen, Kreises, dessen Mittelpunkt C ist, gegebene Punkte A, B einen Kreis zu beschreiben, welcher den gegebenen Kreis so schneide, dafs die gemeinschaftliche Sehne FG der gegebenen geraden Linie M gleich sey.

Analysis.

Es sey FBGA der gesuchte Kreis, so ist, wenn die geraden Linien AB, FG gezogen, und, wo nöthig, verlängert werden, bis sie einander in O schneiden,

$$AO \cdot OB = \begin{cases} FO \cdot OG \\ DO \cdot OE, \end{cases}$$ wenn die beliebige gerade Linie OED durch den gegebenen Kreis gezogen wird;

also liegen A, B, E, D auf dem Umfange eines Kreises, welcher, da A, B gegeben sind, und E willkührlich angenommen werden kann, der Gröſse und Lage nach gegeben ist, folglich ist die gerade Linie DE der Lage nach, mithin der Durchschnitt O mit der, der Lage nach gegebenen, geraden Linie AB gegeben. Da von O in den gegebenen Kreis eine Sehne FG = der gegebenen Linie M gelegt werden kann, so ist der Punkt G, somit der, durch A, B, G zu beschreibende, Kreis gegeben.

Construction.

Man beschreibe durch A, B und den, auf dem Umfange des gegebenen Kreises willkührlich angenommenen, Punkt D einen, den Umfang des gegebenen Kreises in E schneidenden, Kreis, ziehe die, die (wo nöthig) verlängerte gerade Linie AB in O schneidende, gerade Linie DE, mache die Sehne HK des gegebenen Kreises =M, CLK=R, beschreibe aus C als Mittelpunkt mit einem Radius =CL einen Kreis, und lege an denselben eine Tangente OI, so wird, wenn OI den gegebenen Kreisumfang in G, F schneidet, ein durch A, B, G gelegter Kreis der verlangte seyn.

Determination.

Damit die Sehne HK=M in den Kreis gelegt werden könne, muſs $M \overline{\overline{<}}$ als der Durchmesser des gegebenen Kreises seyn.

Beweis.

Da $M \leqq$ als des gegebenen Kreises Durchmesser ist (Det.), so läfst sich eine Sehne $HK = M$ in diesen Kreis legen, also ist CL kleiner, als der Halbmesser, folglich läfst sich von O eine Tangente an den gegebenen Kreis legen.

Ferner ist $AO . OB = \begin{cases} EO . OD \\ GO . OF \end{cases}$

also liegt F auf dem Umfange des durch A, B, G gelegten Kreises.

Da $LC = CI$, wenn die gerade Linie CI gezogen wird, so ist $FG = \begin{cases} HK \\ M \end{cases}$

folglich ist der durch A, B, G beschriebene Kreis der gesuchte.

Anmerkung 1.

Es erhellet von selbst, welche leichte Modificationen die Construction erleide, wenn $AB \# DE$ wird, oder A, B innerhalb des gegebenen Kreises, oder theils innerhalb, theils ausserhalb desselben gegeben werden.

Anmerkung 2.

In dieser Auflösung ist zugleich eine einfache Auflösung der Aufgabe enthalten: einen Kreis zu beschreiben, welcher durch zwey gegebene Punkte gehe, und einen, der Gröfse und Lage nach gegebenen, Kreis berühre.

Aufgabe 126. (*Fig.* 66.)

Ein Viereck ABCD zu beschreiben, in welchem die Seiten AB, BC, CD, DA den gegebenen geraden Linien M, N, P, Q gleich, und die an der Seite AB liegenden Winkel einander gleich seyen.

Analysis.

Es sey ABCD das gesuchte Viereck, so ist, wenn die Diagonale AC gezogen, und die, die Linie BC in F schneidende, gerade Linie DF⧣AB gezogen wird,

$$\triangle CGF \backsim \triangle CAB$$

also $\left.\begin{matrix}CB:BA\\ N:M\end{matrix}\right\} = \left\{\begin{matrix}CF\\ CB-\left\{\begin{matrix}BF\\ KE\\ AD\end{matrix}\right.\end{matrix}\right\}:FG$

wenn die der Linie DA parallel gezogene gerade Linie CE den Linien AB, DF in E, K begegnet;

$$= N-Q : FG$$

folglich ist $\left\{\begin{matrix}FG\\ FD-DG\end{matrix}\right\}$ gegeben.

Ferner ist $\triangle CKG \backsim \triangle ADG$

mithin $AD : CK = DG : GK$

somit $\left.\begin{matrix}AD+CK\\ BC\end{matrix}\right\} : AD = \left\{\begin{matrix}DG+GK\\ DK\end{matrix}\right\} : DG.$

Beschreibt man, aus C, als Mittelpunkt, mit einem Radius $=CF$, einen Kreis, dessen Peripherie die Linie DC und ihre Verlängerung in L, O schneide, so ist

$$DL = DC - CF \quad , \quad DO = DC + CF$$
$$= P-(N-Q) \qquad = P+(N-Q)$$

also sind LD, DO gegeben.

Wird die gerade Linie GI so bestimmt, daſs

CB : LD = DO : GI

so ist GI gegeben, und CB . GI = { LD . DO
{ FD . DK

also CB : FD = DK : GI

Da CB : AD = KD : DG

so ist FD : DA = IG : GD

folglich FD . DG = DA . IG

mithin ist FD . DG gegeben, demnach (Dat. 85.) sowohl FD, als DG, somit das Viereck ABCD gegeben.

Construction.

Man mache FG = der vierten geometrischen Proportionallinie zu N, M, N—Q, errichte in G, F zu verschiedenen Seiten der Linie GF die Perpendikel FH = Q, GI = der vierten geometrischen Proportionallinie zu N, P+(N—Q), P—(N—Q), verknüpfe H mit I durch die gerade Linie HI, beschreibe über HI, als Durchmesser, einen Kreis, welcher der verlängerten GF in F begegne, construire über DF ein Dreieck DCF, dessen Seite CD = P, CF = N—Q, verlängere CF um FB = Q, ziehe AB ♯ DG, verknüpfe C, G durch die, in ihrer Verlängerung die Linie BA in A schneidende, gerade Linie CG, und ziehe die gerade Linie DA, so ist ABCD das gesuchte Viereck.

Determination und Beweis

ergeben sich aus dem Gesagten sehr leicht.

Aufgabe 109. (*Fig.* 51.)

In einen, der Gröſse und Lage nach gegebenen, Kreis, dessen Mittelpunkt O ist, ein Viereck ABCD zu beschreiben, dessen einander gegenüber liegende Seiten AB, CD, den gegebenen geraden Linien P, Q, gleich seyen, und in welchem die Diagonalen AC, BD in dem Verhältnifse der gegebenen geraden Linien m, n zu einander stehen.

Analysis.

Es sey ABCD das gesuchte Viereck, so sind, wenn die Durchmesser AE, DF, und die geraden Linien BE, FC gezogen werden, die Linien BE, FC gegeben.

Es ist, nach dem Ptolemäischen Satze,

$$AE \,.\, BD = AB \,.\, ED + AD \,.\, EB$$
$$DF \,.\, AC = DC \,.\, AF + AD \,.\, CF$$

$$\text{also } \left.\begin{matrix} DF \,.\, AC : AE \,.\, BD \\ AC : BD \\ m : n \end{matrix}\right\} = DC.AF + AD.CF : AB.ED + AD.BE$$

$$\text{folglich } AB.ED + AD.BE = \frac{n}{m} DC.AF + \frac{n}{m} AD.CF$$
$$= K \,.\, \left\{\begin{matrix} AF \\ ED \end{matrix}\right\} + L \,.\, AD, \quad \text{wenn } m : n = DC : K, \; m:n = CF:L;$$

$$\text{mithin } (AB - K)ED = (L - BE)AD$$

$$\text{somit } AD : DE = AB - K : L - BE$$

$$\text{demnach ist } AD : DE$$

$$\text{also } AD^2 : DE^2$$

$$\text{also } \left.\begin{matrix} AD^2 + DE^2 \\ AE^2 \end{matrix}\right\} : AD^2, \text{ und } \left\{\begin{matrix} AD^2 + DE^2 \\ AE^2 \end{matrix}\right\} : DE^2$$

mithin sowohl AD, als DE, somit das Viereck gegeben.

Construction.

Man mache die Sehnen $BA=P$, $GA=Q$, ziehe den Durchmesser AE, und die geraden Linien BE, EG, bestimme AH so, dafs $m:n=Q:AH$, ziehe die, die Linie EG in I schneidende, gerade Linie $HI \# AE$, mache $KA=AH$, $LE=EI$, $EAD=LKB$, $AC \# DG$, und vollende das Viereck ABCD, so ist dasselbe das verlangte.

Beweis.

$$\text{Es ist } GD \# AC$$

$$\text{also } CD=AG$$
$$=Q.$$

$$\text{Es ist } LKB=EAD,\ LBK=ADE \text{ (El. III. 22.)}$$

$$\text{also } AD:DE=KB:BL \text{ (El. VI. 4.)}$$
$$=BA-\left\{\begin{matrix}AK\\AH\end{matrix}\right\}:\left\{\begin{matrix}LE\\IE\end{matrix}\right\}-EB$$

$$=BA-\frac{n}{m}AG:\frac{n}{m}EG-EB$$

$$\text{folglich } \frac{n}{m}AD.EG-DA.EB=BA.DE-\frac{n}{m}DE.AG$$

$$\text{mithin } \frac{n}{m}(AD.EG+DE.AG)=BA.DE+DA.EB$$

$$\text{somit } m:n=AD.\left\{\begin{matrix}EG\\CF\end{matrix}\right\}+\left\{\begin{matrix}DE.AG\\AF.CD\end{matrix}\right\}:BA.DE+DA.EB$$
$$=AC:BD.$$

Da auch $AB=P$, so ist ABCD das verlangte Viereck.

Zusatz.

Wenn statt der Seite CD der Winkel CRD der Diagonalen gegeben wäre, so ist, da, wegen der gegebenen AB, ADR gegeben ist, auch DAC, somit DC gegeben, also die Aufgabe auf die vorige reducirt.

Aufgabe 128. (*Fig.* 68.)

Ein Rechteck zu construiren, dessen Seitenverhältnifs dem gegebenen Verhältnifse p:q gleich sey, und dessen Fläche um einen Raum, welcher dem Quadrate der gegebenen geraden Linie c gleich sey, abnehme, wenn man die Grundlinie und die Höhe um Linien abnehmen läfst, welche den gegebenen geraden Linien β, γ gleich sind.

1) Es sey $p:q=\beta:\gamma$ (Fig. 68. a.).

Analysis.

Es sey AHLM das gesuchte Rechteck, so ist, wenn $AB=\beta$, $AC=\gamma$ genommen wird,

$$MA : AH = BA : AC$$

$$\left.\begin{matrix}\text{also } MA\,.\,AC\\ MB\,.\left\{\begin{matrix}AC\\BD\end{matrix}\right\}+BA.AC\end{matrix}\right\} = BA\,.\,AH$$

$$\text{folglich } \left.\begin{matrix}MB.BD+BA.AC+BA.AH\\ c^2+BA.AC\end{matrix}\right\} = BA.AH$$

mithin ist 2BA.AH, und da BA gegeben ist, 2AH, somit AH, also auch AM, folglich das Rechteck gegeben.

Construction.

Man mache BAC=R, $BA=\beta$, $AC=\gamma$, CD$\#$AB, BD$\#$AC, EC=CD, FC=c, FCG=EFG=R, AH=HG, HM$\#$CB, ML$\#$AC, HL$\#$AB, so ist AMLH das verlangte Rechteck.

Determination.

Da $HA > AC$ werden mufs, so mufs

$$\left.\begin{array}{r}2BA.AH\\ c^2+BA.AC\end{array}\right\} > 2BA.AC$$

also $c^2 > BA.AC$ seyn.

Beweis.

Da $CEF < R$, $EFG = R$

so ist $CEF + EFG < 2R$;

also schneiden EC, FG einander.

$$\left.\begin{array}{r}\text{Da } c^2\\ FC^2\\ EC.CG\\ BA.CG\end{array}\right\} > BA.AC \text{ (Det.)} \qquad \text{(El. VI. S. 17.)}$$

so ist $CG > CA$

$$\text{also } \left.\begin{array}{r}AG\\ 2AH\end{array}\right\} > 2CA$$

folglich $HA > AC$.

Es ist $HA : AM = CA : AB$

mithin $MA > AB$.

$$\text{Ferner ist } \left.\begin{array}{r}FC^2\\ c^2\end{array}\right\} + BA.AC = \left\{\begin{array}{l}BA.CG + BA.AC\\ BA.AG\\ 2BA.AH\end{array}\right.$$

Da $MA : AH = BA : AC$

so ist $MA.AC = BA.AH$

also $c^2+BA.AC=BA.AH+MA.AC$

mithin $c^2=DC.CH+BA.AC+MB.BD$

2) Es sey $p:q<\beta:\gamma$ (Fig. 68. b.).

Analysis.

Es sey AVOM das gesuchte Rechteck, $BA=\beta$, $AC=\gamma$, $AP=p$, $AQ=q$, $CR \# PQ$, so ist

$$RA:AC=\left\{\begin{matrix} PA:AQ \\ p:q \end{matrix}\right.$$

also $RA:AC<BA:AC$

folglich $RA<AB$.

Da $VA:AM=RA:AC$

so ist $VA.AC=RA.AM$

$$\text{mithin } \left.\begin{matrix} BA.AM+VA.AC \\ c^2+\beta\gamma \end{matrix}\right\} = \left\{\begin{matrix} BA.AM+RA.AM \\ (BA+AR)AM \end{matrix}\right.$$

demnach ist AM, somit AV, und das ganze Rechteck gegeben.

Construction.

Man mache $BAC=R$, $BA=\beta$, $CA=\gamma$, $CD \# AB$, $BD \# AC$, $HC=CD$, $FC=c$, $FCG=R=HFG$, $AP=p$, $AQ=q$, $CR \# PQ$, $KB=AR$, ziehe die gerade Linie KG, $RL \# AC$, durch den Durchschnitt L der Linien KG, LR nehme man $ML \# AB$, und durch den Durchschnitt M der Linien ML, AG ziehe man $MV \# PQ$, und vollende das Rechteck MAVO, so ist dasselbe das verlangte.

Determination.

Damit $AO > AB$ werde, muſs seyn

$$\left.\begin{matrix} MA : AB \\ LR : RK \\ GA : AK \\ GA : BA + AR \\ \\ \left.\begin{matrix} GA \,.\, AB \\ c^2 + \beta\gamma \end{matrix}\right\} : (BA + AR) AB \end{matrix}\right\} > \left\{\begin{matrix} MA : AV \\ q : p \\ CA : AR \\ \left\{\begin{matrix} CA \,.\, AB \\ \beta\gamma \end{matrix}\right\} : BA \,.\, AR \end{matrix}\right.$$

also $c^2 : \left\{\begin{matrix} BA^2 \\ \beta^2 \end{matrix}\right\} > \left\{\begin{matrix} \beta\gamma : BA \,.\, AR \\ q : p \end{matrix}\right.$ (Hauber §. 43.)

mithin $p : q > \beta^2 : c^2$.

Beweis.

Da $CHF < R$, $HFG = R$

so ist $CHF + HFG < 2R$,
also schneiden HC, FG einander.

Es ist $p : q > \beta^2 : c^2$

also $\left.\begin{matrix} c^2 : \beta^2 \\ GC \,.\, AB : AB^2 \end{matrix}\right\} > \left\{\begin{matrix} q : p \\ CA \,.\, AB : BA \,.\, AR \end{matrix}\right.$

$$\text{folglich } \left.\begin{matrix} GA \,.\, AB : (BA + AR)\, AB \\ GA : \left\{\begin{matrix} BA + AR \\ AK \end{matrix}\right\} \\ LR : RV \\ MA : AB \end{matrix}\right\} > \left\{\begin{matrix} q : p \\ MA : AV \end{matrix}\right.$$ (Hauber §. 45.)

mithin $BA < AV$.

Da $\left.\begin{matrix} p : q \\ VA : AM \end{matrix}\right\} < \left\{\begin{matrix} \beta : \gamma \\ BA : AC \end{matrix}\right.$

so ist $VA : AB < MA : AC$

also auch $MA > AC$ (Hauber §. 11.).

Ferner ist $\left.\begin{matrix}FC^2\\ c^2\end{matrix}\right\}\begin{matrix}=HC.CG\\ =AB.CG\end{matrix}$

$$=\left\{\begin{matrix}\left\{\begin{matrix}AB\\ RK\end{matrix}\right\}.AG\\ RL.AK\\ MA.AK\end{matrix}\right\}-BA.AC \qquad \text{(El. VI. 4. 16.)}$$

$$=MA.AB+\left\{\begin{matrix}RA.AM\\ VA.AC\end{matrix}\right\}-BA.AC$$

$$=MA.AB+DB.BV.$$

Ueberdiefs ist $VA:AM=p:q$, also ist MAVO das verlangte Rechteck.

3) Es sey $p:q>BA:AC$.

Dieser Fall wird dem vorigen ähnlich behandelt.

Aufgabe 129. (*Fig.* 69.)

Ein Rechteck zu beschreiben, dessen Seitenverhältnifs dem Verhältnifse der gegebenen geraden Linien p, q gleich sey, und dessen Flächenraum sich um einen Raum = dem Quadrate der gegebenen geraden Linie c ändere, wenn man die Grundlinie um eine gegebene Linie α zunehmen, und die Höhe um eine gegebene Linie β abnehmen läfst.

1) Es sey $p:q=\alpha:\beta$.

Analysis.

Es sey By das gesuchte Rechteck, so ist, wenn $HB=\alpha$, $BA=\beta$, HG#AB, AG#BH, $AP=p$, $AQ=q$ gemacht werden, $GA:AB=\left\{\begin{matrix}PA:AQ\\ VB:BZ\end{matrix}\right.$ (El. VI. 4.)

$$\text{also } \left.\begin{matrix}GA.BZ\\ HZ\end{matrix}\right\} = \left\{\begin{matrix}AB.BV\\ Bx\end{matrix}\right.$$

$$\text{folglich } \left.\begin{matrix}HZ-ZG\\ BA.AG\\ \alpha.\beta\end{matrix}\right\} = \left\{\begin{matrix}Bx-GZ\\ c^2\end{matrix}\right.$$

mithin die Aufgabe unbestimmt, oder unmöglich, je nachdem $\alpha.\beta = c^2$, oder $\alpha.\beta \lessgtr c^2$.

2) Es sey $p:q<\alpha:\beta$.

Analysis.

Es sey By das gesuchte Rechteck, so ist, wenn CB $=\alpha$, BA$=\beta$, CD♯BA, AD♯BC, AP$=$p, AQ$=$q, BG♯PQ gemacht werden, GA : AB = PA : PQ

also DA : AB > GA : AB

folglich DA > AG.

Auch ist GA : AB = VB : BZ (El. VI. 4.)

$$\text{hin } \left.\begin{matrix}GA.BZ\\ HZ\end{matrix}\right\} = \left\{\begin{matrix}AB.BV\\ Bx\end{matrix}\right.$$

$$\text{demnach } \left.\begin{matrix}CZ-ZH\\ CK\\ (DA-AG)BZ\end{matrix}\right\} = \left\{\begin{matrix}Cz-Bx\\ \left.\begin{matrix}Dz-Bx\\ c^2\end{matrix}\right\}+DA.AB\end{matrix}\right.$$

also ist (DA—AG)BZ, folglich BZ, somit BV, und das ganze Rechteck gegeben.

Construction.

Man mache CB$=\alpha$, CBA$=$R, BA$=\beta$, CD♯AB, AD♯BC, AP$=$p, AQ$=$q, BG♯PQ, EA$=$AD, FA$=$c, EFL$=$R, GO♯BA, LO♯BC, ziehe die, die Verlängerung von BA in Z schneidende, gerade Linie COZ, ZV♯PQ,

$BV \# AD$, und vollende das Rechteck BVYZ, so ist dasselbe das verlangte.

Beweis.

$$\text{Es ist } AEF < R,\ EFL = R$$

$$\text{also } AEF + EFL < 2R,$$

folglich schneidet FL die Linie BZ.

$$\text{Es ist } \left.\begin{matrix} p:q \\ PA:AQ \\ GA:AB \end{matrix}\right\} < \left\{\begin{matrix} \alpha:\beta \\ DA:AB \end{matrix}\right.$$

$$\text{also } GA < AD$$

folglich schneidet die Verlängerung von CO die verlängerte BA.

$$\text{Ferner ist } VB:BZ = \left\{\begin{matrix} PA:AQ \ (\text{El. VI. 4.}) \\ p:q \\ GA:AB \end{matrix}\right.$$

$$\text{mithin } \left.\begin{matrix} VB.BA \\ Bx \end{matrix}\right\} = \left\{\begin{matrix} AG.BZ \ (\text{El. VI. 16.}) \\ HZ \end{matrix}\right.$$

$$\text{demnach } \left.\begin{matrix} CZ-HZ \\ CK \\ CH.BZ \\ (\text{El. VI. 4. 16.})\ OH.BC \\ LB.BC \\ \left.\begin{matrix} LA.AD \\ EA.AD \\ (\text{El. VI. 8. 17.})\ c^2 \end{matrix}\right\} + BA.AD \end{matrix}\right\} = \left\{\begin{matrix} CZ-Bx \\ DZ+DA.AB-Bx \end{matrix}\right.$$

$$\text{also } c^2 = Dz - Bx.$$

3) Es sey $p:q > \alpha:\beta$.

Dieser Fall wird, wie der vorhergehende, behandelt.

Aufgabe 130. (*Fig.* 70.)

Ein Rechteck Alkh zu beschreiben, dessen Flächenraum um einen Raum, welcher dem Quadrate der gegebenen geraden Linie c gleich ist, zunehme, wenn man die Grundlinie und die Höhe um Linien, welche den gegebenen geraden Linien a, b, gleich sind, zunehmen läſst, und dessen Flächenraum um einen Raum, welcher dem Quadrate der gegebenen geraden Linie c gleich ist, zunehme, wenn man seine Grundlinie und Höhe um Linien, welche den gegebenen geraden Linien a′, b′ gleich sind, wachsen läſst.

Analysis.

Es sey Alkh das gesuchte Rechteck, sey BA=a, CA=b. Es sey auch ALKH ein Rechteck, welches um einen Raum $=c^2$ zunimmt, wenn man seine Grundlinie und Höhe um dieselben Linien AB=a, AC=b zunehmen läſst, so ist, wenn die Linien kh, KH, und kl, KL verlängert werden bis zu den Durchschnitten m, M, und O, o, mit den durch B und C mit AH und AB gezogenen Parallellinien,

$$mh . hH = LO . Oo$$

also $Hh : Oo = LO : mh$

$Kn : nk = CA : AB$, wenn n den Durchschnitt der Linien KL, kh bezeichnet;

$= b : a$

folglich ist △Knk der Art nach, mithin der Winkel nKk, somit die Lage der geraden Linie Kk, in so fern der Punkt K als gegeben angesehen werden kann, gegeben. Eben so ist die Lage der geraden Linie K′k gegeben, welches gezeigt wird, wenn man in der angegebenen Analysis überall statt B, C u. s. w. setzt B', C' u. s. w.

Mithin ist der Punkt k, somit das ganze Rechteck Alkh gegeben.

Construction.

Man mache CAB=R, AB=a, AC=b, CD#AB, BD#AC, EC=CD, FC=c, EFG=R, verlängere CA bis zum Durchschnitt G mit der Linie FG, welcher immer existirt (Ax. 11.), nehme AH=HG, HK#AB, ziehe DA, welche verlängert werde bis zum Durchschnitt mit AK in K, und ziehe Kk#BC. Eben so bestimme man K'k, wenn man statt B, C u. s. w. setzt B', C' u. s. w. Durch den Durchschnitt k der Linien Kk, K'k ziehe man kl#AC, kh#AB, so ist Alkh das verlangte Rechteck.

Determination.

Damit Kk, K'k einander schneiden, darf nicht Kk #K'k, also nicht BC#B'C', folglich nicht a : b=a' : b' seyn.

Ist $\frac{c^2-ab}{a} < \frac{c'^2-a'b'}{a'}$

---

also AG'>AG

$$\left.\begin{array}{l}\text{und } b:a\\ AH:HK\end{array}\right\} < \left\{\begin{array}{l}b':a'\\ AH':H'K'\\ AH:HV,\end{array}\right.$$
wenn V der Durchschnitt der Linien HK, AK' ist;

---

also HK>HV

so mufs, damit das Schneiden innerhalb des Winkels LAG geschehe, wenn AL>AL', und wenn Kk, K'k der Verlängerung der Linie BA in Q, Q' begegnen, seyn $LQ > \begin{cases} LQ' \\ L'Q' - L'L \end{cases}$ *).

Es ist $BA.AG = c^2 - ab$, $B'A.AG' = c^2 - a'b'$

also $\left.\begin{matrix}\frac{1}{2}AG \\ KL\end{matrix}\right\} = \frac{c^2 - ab}{2a}$, $\left.\begin{matrix}\frac{1}{2}AG' \\ K'L'\end{matrix}\right\} = \frac{c'^2 - a'b'}{2a'}$

Auch ist $KL : LQ = b : a$, $K'L' : L'Q = b' : a'$

folglich $LQ = \frac{a}{b}KL$ $\qquad L'Q' = \frac{a'}{b'}K'L'$

$= \frac{c^2 - ab}{2b}$ $\qquad = \frac{c'^2 - a'b'}{2b'}$

Ferner ist $QL:LK = \begin{cases} CD:DB, \\ AB:BD \\ AL:LK \end{cases}$ $Q'L':L'K' = \begin{cases} C'D':D'B' \\ AB':B'D' \\ L'A:L'K' \end{cases}$

mithin $QL = AL$, $\qquad Q'L' = L'A$

demnach $\left.\begin{matrix} LA - AL' \\ LL' \end{matrix}\right\} \begin{matrix} = QL - Q'L' \\ = \frac{c^2 - ab}{2b} - \frac{c'^2 - a'b'}{2b'} \end{matrix}$

also mufs seyn $\frac{c^2 - ab}{2b} > \frac{c'^2 - a'b'}{2b'} + \frac{c^2 - ab}{2b} + \frac{c'^2 - a'b'}{2b'}$

folglich $\frac{c^2 - ab}{b} > \frac{c'^2 - a'b'}{b'}$

mithin $c^2 - ab : c'^2 - a'b' > b : b'$.

Zu ganz ähnlichen Bestimmungen gelangt man, wenn $c^2 - ab > c'^2 - a'b'$

also $AG > AG'$.

*) Wenn $AL \overline{\gtrless} AL'$, so führen die Bestimmungen auf dasselbe Resultat.

$$\text{Da } GH:HK = \begin{cases} AH:HK \\ AC:CD \\ BD:DC \\ KL:LQ \end{cases}$$

so ist GKQ eine gerade Linie.

Da eben so G'K'Q' eine gerade Linie ist, so darf nicht AG=AG' seyn, weil sonst der Durchschnitt von KQ, K'Q in G fiele, also darf auch nicht seyn

$$\frac{c'^2 - a'b'}{a'} = \frac{c^2 - ab}{a}.$$

Beweis.

$$\text{Da nicht } \left.\begin{matrix} a:b \\ QL:LK \end{matrix}\right\} = \left\{\begin{matrix} a':b' \quad (\text{Det.}) \\ Q'L':L'K' \end{matrix}\right.$$

so ist nicht $KQ \# K'Q'$, also schneiden diese Linien einander.

$$\text{Da } \frac{c^2 - ab}{a} < \frac{c'^2 - a'b'}{a'}$$

so ist $AG < AG'$

also $AH < AH'$.

Es ist $c^2 - ab : c'^2 - a'b' > b : b'$

$$\text{also } \frac{c^2 - ab}{b} > \frac{c'^2 - a'b'}{b'}$$

$$\text{folglich } \left.\begin{matrix} \frac{c^2 - ab}{2b} \\ LQ \end{matrix}\right\} > \left\{\begin{matrix} \frac{c'^2 - a'b'}{2b'} - \frac{c^2 - ab}{2b} + \frac{c'^2 - a'b'}{2b} \\ L'Q' - L'L \\ LQ' \end{matrix}\right.$$

also schneiden KQ, K'Q' einander innerhalb des Winkels GAL.

Bezeichnet man den Durchschnitt der Linien KL, kh mit n, so ist $\left.\begin{matrix} Kn:nk \\ Hh:Ll \end{matrix}\right\} = \left\{\begin{matrix} BD:DC \\ OL:mh \end{matrix}\right.$

also $Hh.hm = OL.Ll$

folglich

$$BA.Ah + BA.AC + CA.Al = BA.AH + BA.AC + \left\{\begin{matrix}CA.AL\\ BA.AH\\ MH.HG\end{matrix}\right.$$

$$= \left\{\begin{matrix}DC.CG\\ EC.CG\\ FC^2\\ c^2.\end{matrix}\right.$$

Eben so beweiſst man, daſs $B'A.Ah + B'A.AC' + C'A.Al = c'^2$, mithin ist Alkh das verlangte Rechteck.

Aufgabe 131. (*Fig.* 71.)

Eiu Rechteck Alkh zu beschreiben, dessen Flächenraum um Räume, welche den Quadraten der gegebenen geraden Linien $\left\{\begin{matrix}c\\ c'\end{matrix}\right\}$ gleich sind, abnehme, wenn man die Grundlinie und die Höhe um Linien, welche den gegebenen Linien $\left\{\begin{matrix}a, & b\\ a', & b'\end{matrix}\right\}$ gleich sind, abnehmen läſst.

Analysis.

Es sey Alkh das gesuchte Rechteck, sey $BA = a$, $CA = b$. Es sey auch ALKH ein Rechteck, welches um einen Raum $= c^2$ abnehme, wenn man seine Grundlinie und Höhe um die Linien a, b abnehmen läſst, so ist, wenn m, M und o, O die Durchschnitte der Linien kh, KH und kl, KL mit den Verlängerungen von Bd und CD bezeichnen, $mh.hH = LO.Oo$

$$\text{also } \left.\begin{matrix}hH : Oo\\ Kn : nk\end{matrix}\right\} = \left\{\begin{matrix}LO : mh\\ CA : AB, \text{ wenn } Kn \# Hh,\\ kn \# HK;\\ b : a\end{matrix}\right.$$

folglich ist $\triangle$Knk der Art nach, somit der Winkel nKk, mithin die Lage der geraden Linie Kk gegeben, in so fern der Punkt K als der Lage nach gegeben angesehen werden kann. Eben so ist die Lage der geraden Linie K'k gegeben, welches gezeigt wird, wenn man in dem vorhergehenden Theile der Analysis überall statt B, C u. s. w. setzt B', C' u. s. w. Folglich ist der Punkt k, somit das Rechteck gegeben.

Construction.

Man mache CAB=R, BA=a, AC=b, CD⋕AB, BD⋕AC, EA=AB, AF=c, EFG=R, verlängere AC bis zum Durchschnitt G mit FG, welcher immer existirt (Ax. 11.), nehme CH=HG, HK⋕AB, ziehe AD, welche verlängert werde bis zum Durchschnitt mit HK in K, und ziehe Kk⋕BC. Eben so bestimme man K'k, wenn man in dem bisherigen Theile der Construction statt B, C u. s. w. setzt B', C' u. s. w. Durch den Durchschnitt k der Linien Kk, K'k ziehe man kl ⋕AC, kh⋕AB, so ist Alkh das verlangte Reckteck.

Determination.

Da die Abnahme eines Rechteckes, wenn man Grundlinie und Höhe um gegebene Linien abnehmen läſst, das Aggregat von drey Rechtecken ist, wovon das eine das Rechteck aus den gegebenen Linien ist, so muſs sowohl $c^2 > ab$, als $c'^2 > a'b'$ seyn.

Damit Kk, K'k einander begegnen, darf nicht Kk⋕ K'k, also nicht BC⋕B'C', folglich nicht $a : b = a' : b'$ seyn.

$$\text{Ist } \left.\begin{matrix} \frac{c^2}{a} \\ AG \end{matrix}\right\} < \left\{\begin{matrix} \frac{c'^2}{a'} \\ AG' \end{matrix}\right.$$

so mufs, wenn, wie es in vorliegender Figur der Fall ist, $AH < AH'$, $H'K' < HK$ ist, d. i. wenn $\frac{c^2+ab}{2a} < \frac{c'^2+a'b'}{2a'}$ und $\frac{c^2+ab}{2b} < \frac{c^2+a'b'}{2b'}$ ist, damit das Schneiden innerhalb des Scheitelwinkels von BDC geschehe, seyn

$$BP < BQ$$

wenn P, Q die Durchschnitte der Linien Kk, K'k mit der Verlängerung von BD bezeichnen.

$$\text{Es ist } KM : MP = \begin{cases} BA : AC \\ AB : BD \\ KM : \begin{cases} MD \\ CH \\ HG \end{cases} \end{cases}$$

$$\text{also } MP = \tfrac{1}{2}CG$$

$$\text{folglich } BP = AG = \frac{c^2}{a}$$

Es ist $K'H' : H'R' = B'A : AC'$, wenn R' der Durchschnitt der Linien K'k, AG' ist;

$$= D'C' : C'A$$
$$= K'H' : H'A$$

$$\text{also } H'R' = H'A$$
$$= \tfrac{1}{2}CG' + AC'$$
$$= \frac{c'^2 - a'b'}{2a'} + b'$$
$$= \frac{c'^2 - a'b' + 2a'b'}{2a'}$$
$$= \frac{c'^2 + a'b'}{2a'}$$

Ferner ist $\left.\begin{array}{c} H'R' \\ \frac{c'^2+a'b'}{2a'} \end{array}\right\} : H'K' = b' : a'$

folglich $H'K' = \frac{c'^2+a'b'}{2b'}$

mithin $K'U (= H'K' - H'U) = \frac{c'^2+a'b'}{2b'} - a$, wenn U der Durchschnitt der verlängerten BD mit H'K' ist;

$$= \frac{c'^2+a'b'-2ab'}{2b'}$$

Endlich ist $\left.\begin{array}{c} K'U \\ \frac{c'^2+a'b'-2ab'}{2b'} \end{array}\right\} : UQ = a' : b'$

mithin $UQ = \frac{c'^2+a'b'-2ab'}{2a'}$

somit $BQ = \frac{c'^2+a'b'-2ab'}{2a'} + \frac{c'^2+a'b'}{2a'}$

$$= \frac{2c'^2+2a'b'-2ab'}{2a'}$$

$$= \frac{c'^2+a'b'-ab'}{a'}$$

also mufs seyn $\frac{c^2}{a} < \frac{c'^2+a'b'-ab'}{a'}$

folglich $c^2 : c^2 + a'b' - ab' < a : a'$.

Auf ganz ähnlichem Wege gelangt man zu den Bestimmungen, wenn $\frac{c^2+ab}{2} > \frac{c'^2+a'b'}{2a'}$ und $\frac{c^2+ab}{2b} > \frac{c'^2+a'b'}{2b'}$ oder wenn $b : a > b' : a'$, oder wenn $\frac{c^2}{a} > \frac{c'^2}{a'}$.

Ist $\left.\begin{matrix}\frac{c^2}{a}\\ AG\end{matrix}\right\} = \left\{\begin{matrix}\frac{c'^2}{a'}\\ AG'\end{matrix}\right.$, so wird $CP = B'P'$, also schneiden Kk, K'k einander nicht innerhalb des Winkels ODP.

Beweis.

$$\text{Da } \left.\begin{matrix}c^2\\ BA.AG\end{matrix}\right\} > ab, \quad \left.\begin{matrix}c'^2\\ B'A.AG'\end{matrix}\right\} > a'b'$$

so ist $AG > b$, $AG' > b'$.

Da nicht $a : b = a' : b'$, so schneiden die Linien Kk, K'k einander.

$$\text{Da } c^2 : c'^2 + a'b' - ab' < a : a'$$

$$\text{so ist } \left.\begin{matrix}\frac{c^2}{a}\\ AG\\ BP\end{matrix}\right\} < \left\{\begin{matrix}\frac{c'^2 + a'b' - ab'}{a'}\\ BQ\end{matrix}\right.$$

Da in vorliegendem Falle auch $AH < AH'$, $HK > H'K'$, so schneiden die Linien Kk, K'k einander innerhalb des Winkels ODP.

$$\text{Auch ist } \left.\begin{matrix}Kn : nk\\ Hh : Ll\end{matrix}\right\} = \left\{\begin{matrix}BD : DC\\ OL : mh\end{matrix}\right.$$

$$\text{also } Hh . hm = OL . Ll$$

$$\text{folglich } \left.\begin{matrix}BA . Ah + DB . Bl\\ BA.AC + DC . Ch + DB . Bl\end{matrix}\right\} = BA . AH + \left\{\begin{matrix}DB . BL\\ DC.CH\\ MH.HG\\ AB . HG\end{matrix}\right.$$

$$= BA . AG$$

$$= c^2.$$

Eben so wird bewiesen, daſs $B'A . AC' + D'C' . C'h + D'B' . B'l = c'^2$, also ist Alkh das gesuchte Rechteck.

Aufgabe 132. (Fig. 72.)

Ein Rechteck Alkh zu beschreiben, dessen Flächenraum um einen Raum, welcher dem Quadrate der gegebenen geraden Linie $\begin{Bmatrix} c \\ c' \end{Bmatrix}$ gleich ist, $\begin{Bmatrix} \text{zunehme} \\ \text{abnehme} \end{Bmatrix}$, wenn man seine Grundlinie und seine Höhe um Linien, welche den gegebenen geraden Linien $\begin{Bmatrix} a, \; b \\ a', \; b' \end{Bmatrix}$ gleich sind, $\begin{Bmatrix} \text{zunehmen} \\ \text{abnehmen} \end{Bmatrix}$ läfst.

Analysis.

Es sey Alkh das verlangte Rechteck, so ist, wenn $\begin{Bmatrix} ALKH \\ AL'K'H' \end{Bmatrix}$ ein zweites Rechteck ist, welches um denselben Flächenraum bey derselben $\begin{Bmatrix} \text{Zunahme} \\ \text{Abnahme} \end{Bmatrix}$ der Grundlinie und Höhe $\begin{Bmatrix} \text{zunimmt} \\ \text{abnimmt} \end{Bmatrix}$, die gerade Linie $\begin{Bmatrix} Kk \\ K'k \end{Bmatrix}$ der Lage nach gegeben, wie Aufgabe $\begin{Bmatrix} 130. \\ 131. \end{Bmatrix}$, also auch der Durchschnitt k, somit das Rechteck Alkh.

Construction.

Man mache $BAC = R$, $BA = a$, $AC = c$, $BD \# AC$, $CD \# AB$, $EC = CD$, $FC = c$, $EFG = R$, $AH = HG$, $HK \# AB$, ziehe die gerade Linie DA, verlängere dieselbe, bis sie der Linie HK begegnet, nehme $Kk \# BC$, $B'A = a'$, $AC' = b'$, $AE' = AB'$, $AF' = c'$, $E'F'G' = R$, $C'H' = H'G'$, $H'K' \# AB$, ziehe AD′, verlängere AD′ bis zum Durchschnitt mit H′K′ in K′, nehme $K'k \# B'C'$, durch den Durchschnitt k der Linien Kk, K′k ziehe man $kh \# AB$, $kl \# AB$, so ist, wenn h, l die Durchschnitte der Linien kh, kl mit AG, AB sind, Alkh das verlangte Rechteck.

Determination.

Da die Zunahme und Abnahme eines Rechteckes, wenn Grundlinie und Höhe zunehmen, oder abnehmen, ein Aggregat von drey Rechtecken ist, wovon das eine das Rechteck aus den Zunahmen, oder Abnahmen ist, so mufs $c^2 > ab$, $c'^2 > a'b'$ seyn.

Damit Kk, K'k einander schneiden, darf nicht BC $\#$ B'C' werden, also mufs $a:b \gtrless a':b'$ seyn.

Ist nun $\left.\begin{matrix}\frac{c^2-ab}{2a}\\ AH\end{matrix}\right\} > \left\{\begin{matrix}\frac{c'^2}{2a'}\\ AH'\end{matrix}\right.$ und $\left.\begin{matrix}\frac{c^2-ab}{2b}\\ HK\end{matrix}\right\} < \left\{\begin{matrix}\frac{c'^2}{2b'}\\ HK'\end{matrix}\right.$

so mufs, damit der Punkt k innerhalb des Vertical-Winkels von B'D'C' falle, $B'Q > B'P'$ seyn, wenn Q, P' die Durchschnitte der Linien K'k und Kk mit der Verlängerung von B'D' sind.

$$\begin{aligned} \text{Es ist } K'M' : M'P' &= B'A : AC' \\ &= D'C' : C'A \\ &= K'M' : \left\{\begin{matrix} M'D' \\ H'C' \\ H'G' \end{matrix}\right. \end{aligned}$$

---

also $M'P' = H'G'$

---

folglich $B'P' = \frac{c'^2}{a'}$.

Es ist, wenn U den Durchschnitt der Linien KH, B'Q bezeichnet, $\left.\begin{matrix} GH : HK \\ b : a \end{matrix}\right\} = QU : \left\{\begin{matrix} UK \\ KH - \left\{\begin{matrix} HU \\ a' \end{matrix}\right. \end{matrix}\right.$.

Auch ist $AH : HK = b : a$, $AH = \frac{c^2 - ab}{2a}$

also $HK = \frac{c^2 - ab}{2b}$

folglich ist $b : a = QU : \left\{ \frac{c^2 - ab}{2b} - a' = \frac{c^2 - ab - 2a'b}{2b} \right.$

mithin $QU = \frac{c^2 - ab - 2a'b}{2a}$

somit $B'Q = \frac{c^2 - ab}{2a} + \frac{c^2 - ab - 2a'b}{2a}$

$= \frac{c^2 - ab - a'b}{a}$

demnach muſs seyn $\frac{c^2 - ab - a'b}{a} > \frac{c'^2}{a'}$

also $c^2 - ab - a'b : c'^2 > a : a'$.

Auf ähnlichem Wege wird die Determ. gefunden, wenn nicht $\frac{c^2 - ab}{2a} > \frac{c'^2}{2a'}$.

Beweis.

Da $c^2 > ab$, $c'^2 > a'b'$, so ist $GC > CA$, $G'A > AC'$.

Da $a : b \gtrless a' : b'$, so schneiden Kk, $K'k$ einander.

Da $c^2 - ab - a'b' : c'^2 > a : a'$

so ist $\frac{c^2 - ab - a'b'}{a} > \frac{c'^2}{a'}$

also $B'Q > B'P'$, wie aus der Determin.

leicht erhellet, folglich schneiden Kk, K'k einander innerhalb des Verticalwinkels von B'D'C'.

Auch ist $BA . AC + BA . Ah + CA . Al = c^2$
$B'A . AC' + B'A . C'h + B'D' . D'o = c'^2$
wie aus Aufgabe 130. und 131. hervorgeht, also ist Alkh das gesuchte Rechteck.

Aufgabe 133. (*Fig.* 73.)

Ein Rechteck Aomh zu beschreiben, welches um, den Quadraten der gegebenen geraden Linien $\left\{\begin{matrix} c \\ c' \end{matrix}\right\}$ gleiche, Räume sich verändere, wenn man seine Grundlinie um Linien, welche den gegebenen Linien a, a' gleich sind, zunehmen, und seine Höhe um Linien, welche den gegebenen Linien b, b' gleich sind, abnehmen läſst.

Analysis.

Es sey Aomh das verlangte Rechteck, so ist, wenn AOMH ein zweites Rechteck ist, welches um denselben Flächenraum abnimmt, wenn man seine Grundlinie und seine Höhe um dieselben Linien AB, AD zu- und abnehmen läſst, wie das Rechteck Aomh, und wenn die Durchschnitte der Linien mo, MH mit den Verlängerungen von CD, BC mit n, L bezeichnet werden,

$$\frac{no . oO = LH . Hh}{}$$

$$\text{also } \left.\begin{matrix} Oo : Hh \\ Mq : mq \end{matrix}\right\} = \left\{\begin{matrix} LH : no \\ BA : AD \end{matrix}\right.$$

folglich ist △Mmq der Art nach, mithin der Winkel mMq, somit, in so fern der Punkt M als der Lage nach gegeben angesehen werden kann, die Lage der geraden Linie Mm gegeben.

Eben so ist, wenn AO'M'H' ein Rechteck ist, welches um denselben Raum abnimmt, wie Aomh, wenn man die Grundlinie und die Höhe um dieselben Linien AB', AD' zu- und abnehmen läſst, aus ähnlichen Gründen, die Lage der geraden Linie M'm gegeben. Mithin ist der Durchschnitt m der Linien Mm, M'm, somit das ganze Rechteck gegeben.

Construction.

Man mache $ABC = R$, $AB = a$, $AC = b$, $CD \# AB$, $AD \# BC$, $ED = DC$, $DF = c$, $EFG = R$, $HG = GD$, $HM \# GK \# CD$, ziehe die gerade Linie BD, welche verlängert werde bis zum Durchschnitt mit GK in K, nehme $KO \# AG$, $HM \# AO$, $Mm \# BD$.

Eben so bestimme man M', indem man statt B, C, u. s. w. setzt B', C' u. s. w., und ziehe $M'm \# B'D'$. Durch den Durchschnitt m der Linien Mm, M'm ziehe man $mo \# AD$, $ml \# AO$, so ist Aomh das gesuchte Rechteck.

Determination.

Damit Mm, M'm einander schneiden, darf nicht $Mm \# M'm$ seyn, also muſs $a : b \gtrless a' : b'$ seyn.

Beweis.

$$\text{Es ist } \left.\begin{matrix} a : b \\ BA : AD \end{matrix}\right\} \gtrless \left\{\begin{matrix} a' : b' \\ B'A : AD' \end{matrix}\right.$$

also schneiden BD, B'D', folglich auch Mm, M'm einander.

$$\text{Es sey } \frac{c^2}{a} < \frac{c'^2}{a}, \quad ab < a'b'$$

$$\text{so ist } \left.\begin{matrix}\frac{c^2+ab}{a}\\ AG\end{matrix}\right\} < \left\{\begin{matrix}\frac{c'^2+a'b'}{a'}\\ AG'\end{matrix}\right.$$

$$\text{also auch } \left.\begin{matrix}\frac{c^2+ab}{a}+\frac{c^2}{a}\\ AG+GH\\ AH\end{matrix}\right\} < \left\{\begin{matrix}\frac{c'^2+a'b'}{a'}+\frac{c'^2}{a}\\ AG'+G'H'\\ AH'\end{matrix}\right.$$

$$\text{Es ist } mq:qM = \left\{\begin{matrix}DA:AB\\ DG:GK\\ HG:GK\\ MK:KG\end{matrix}\right.$$

also liegen m, M, G in einer geraden Linie.

Da eben so die Punkte M′, m, G′ in einer geraden Linie liegen, so schneiden sich Mm, M′m innerhalb des Vertikalwinkels von ADC.

$$\text{Ferner ist } \left.\begin{matrix}mq:qM\\ Ll:Oo\end{matrix}\right\} = \left\{\begin{matrix}DA:AB\\ NO:lh\end{matrix}\right.$$

$$\text{also } \left.\begin{matrix}Ll.lh\\ Lh\end{matrix}\right\} = \left\{\begin{matrix}NO.Oo\\ No\end{matrix}\right.$$

$$\text{folglich } Ch-Do = \left\{\begin{matrix}CH-\left\{\begin{matrix}DO\\ CG\end{matrix}\right.\\ GL\\ EG\\ \frac{ED.DG}{c^2}\end{matrix}\right.$$

$$\text{Eben so ist } \left.\begin{matrix}mq':q'M'\\ L'l':O'o\end{matrix}\right\} = \left\{\begin{matrix}D'C':C'B'\\ l'h:N'O'\end{matrix}\right.$$

$$\text{also } \left.\begin{matrix}L'l'.l'h\\ l'H'\end{matrix}\right\} = \left\{\begin{matrix}N'O'.O'o\\ N'o\end{matrix}\right.$$

folglich $C'h - D'o = \left\{ \begin{array}{l} C'H' - \left\{ \begin{array}{l} D' \\ C'G' \end{array} \right. \\ GL' \\ E'G' \\ 'D'.D'G' \\ c'^2 \end{array} \right.$

mithin ist **A**omh das gesuchte Rechteck.

Anmerkung.

Aus vorstehenden vier Aufgaben lassen sich die Auflösungen folgender Aufgaben herleiten:

Ein Rechteck zu beschreiben, dessen Flächenraum sich um einen gegebenen Raum vermehre, oder vermindere, wenn man seine Grundlinie und seine Höhe um gegebene Linien zunehmen, oder abnehmen läſst, und dessen Flächenraum sich um einen gegebenen Raum verändere, wenn man seine Grundlinie um eine gegebene Linie zunehmen, und die Höhe um eine gegebene Linie abnehmen läſst.

Aufgabe 134. (*Fig.* 74.)

Die Seiten zweyer Rectangel zu finden, deren Flächenräume den Quadraten der gegebenen geraden Linien a, α, und in welchen die Summe der Grundlinien und die Summe der Höhen den gegebenen geraden Linien G, H gleich seyen.

Fall. 1.

Es sey $a = \alpha$. (Fig. 74. a.)

Analysis.

Es seyen AN, NC die gesuchten Rechtecke, also $AM + NQ = AB = G$, $AP + PD = AD = H$, so ist, wegen

$$a = \alpha$$

$$\text{also } \left.\begin{matrix} a^2 \\ AM.MN \end{matrix}\right\} = \left\{\begin{matrix} \alpha^2 \\ QN.NR, \end{matrix}\right.$$

$$\left.\begin{matrix} RN:AM \\ DP:PN \end{matrix}\right\} = \left\{\begin{matrix} MN:NQ \\ NM:MB \end{matrix}\right. \text{(El. VI. 16.)}$$

folglich liegen die Punkte D, N, B in einer geraden Linie (El. VI. 26.), mithin ist das Parallelogramm NMBQ der Art nach gegeben (El. VI. 21.). Macht man $AE = EB$, $EO \# AD$, durch den Durchschnitt O der Linien EO, BD die Linie $OH \# AB$, so ist das Parallelogramm OEBH gleichfalls der Art, und, wegen der gegebenen BE, der Gröfse nach (Dat. 56.) gegeben.

$$\text{Da } AU = UB, \text{ also } \left.\begin{matrix} AU + UM \\ AN \\ a^2 \end{matrix}\right\} = UB + NH$$

$$\text{so ist } \left.\begin{matrix} OEBH - UB - NH \\ UV \end{matrix}\right\} = OEBH - \alpha^2$$

also ist UV der Gröfse nach, und weil $UV \sim OEBH$, auch der Art nach, folglich UN, mithin EM, somit der Punkt M, und das Parallelogramm AN, demnach auch NC gegeben.

Construction.

Man mache $BA = G$, $BAD = R$, $DA = H$, $DC \# AB$, $BC \# AB$, $AE = EB$, $ET \# AD$, ziehe die Diagonale BD, welche der Linie ET in O begegne, nehme $OH \# AB$, $FB = a = BG$, $FK \# HG$, beschreibe über BE einen Halbkreis, mache $EKL = R$, verbinde den Punkt E mit dem Durchschnitte L der Linie KL und des Umfanges des Halbkreises, nehme $ME = EL$, $MR \# AD$, und ziehe durch den Durchschnitt N der Linie MR mit BD die Linie $PQ \# AB$, so ist das verlangte geleistet.

Determination.

Damit KL den Umfang treffe, mufs $KB \leqq BE$ seyn

$$\text{also } \left.\begin{matrix} KB.BH \\ GB.BF \\ a^2 \end{matrix}\right\} \leqq \left\{\begin{matrix} EB.BH \\ \tfrac{1}{4}AB.BD \end{matrix}\right.$$

Beweis.

$$\text{Es ist } \left.\begin{matrix} a^2 \\ GB.BF \\ KB.BH \end{matrix}\right\} \leqq \left\{\begin{matrix} \tfrac{1}{4}AB.BD \\ EB.BH \end{matrix}\right.$$

also $KB \leqq BE$.

folglich hat KL einen Punkt mit dem Umfange des Halbkreises gemein.

$$\text{Ist } KB = BE, \text{ so ist } \left.\begin{matrix} EB.BH \\ AE.EO \\ HO.OT \end{matrix}\right\} = \left\{\begin{matrix} GB.BF \\ a^2 \end{matrix}\right.$$

Da auch $AE + OH = AE + EB$, und $AW + OT = AW + WD$
$= AB$ $\qquad\qquad = AD$

so sind AO, OC die gesuchten Rechtecke.

Ist $KB < BE$

$$\text{so ist } UV : EH = \left\{\begin{matrix} UN^2 \\ ME^2 \end{matrix}\right\} : EB^2 \text{ (El. VI. 20.)}$$

$= KE : EB$ (El. VI. 20. Zus. 2.)

$= OK : EH$ (El. VI. 1.)

also $UV = OK$

$$\text{folglich } \left.\begin{matrix} EH - UV \\ \left\{\begin{matrix} VQ \\ NE \end{matrix}\right\} + \left\{\begin{matrix} QM + MU \\ EP \end{matrix}\right\} \\ AN \\ \text{(El. I. 43.) } NC \end{matrix}\right\} = \left\{\begin{matrix} EH - OK \\ KB.BH \\ GB.BF \\ a^2 \end{matrix}\right.$$

Zusatz.

Macht man auch $M'E = EL$, $M'R' \# AD$, $N'Q' \# AB$,
so ist $HE = EW$

$$= AV' + \begin{cases} V'E \\ OQ' \text{ (El. I. 43.)} \\ OP' \text{ (El. I. 36.)} \end{cases}$$

$$= AN' + \begin{cases} V'U' \\ VU \text{ (El. I. 36.)} \end{cases}$$

$$\text{also } \left.\begin{matrix} AN' \\ \text{(El. I. 43.) } N'C \end{matrix}\right\} = \left\{\begin{matrix} HE - VU \\ a^2 \end{matrix}\right.$$

folglich haben auch die Rechtecke AN', $N'C$ die gegebene Eigenschaft.

Fall 2.

Es sey $a > \alpha$. (Fig. 74. b.)

Analysis.

Es seyen AN', NC die gesuchten Rectangel,
also $AN > NC$

$$\text{folglich } \left.\begin{matrix} AN + ND \\ AM \cdot MR \end{matrix}\right\} > \left\{\begin{matrix} NC + ND \\ DP \cdot PQ \end{matrix}\right.$$

$$\text{mithin } DP : \left\{\begin{matrix} AM \\ PN \end{matrix}\right\} < \begin{cases} MR : PQ \text{ (Hauber §. 52.)} \\ DA : AB \\ DP : PU, \text{ wenn U der Durchschnitt der Linien PQ, BD ist;} \end{cases}$$

---

somit $PN > PU$.

Zieht man durch den Punkt U die, die Linien AB, CD in T, V schneidende, gerade Linie $VT \# AD$, so ist

$$\left.\begin{matrix} AN \\ a^2 \end{matrix}\right\} = \left\{\begin{matrix} AU \\ CU \end{matrix}\right\} + UM$$

$$=\left\{\begin{matrix}CN\\ \alpha^2\end{matrix}\right\}+TR$$

$$\text{also }\left.\begin{matrix}TR\\ AD.TM\end{matrix}\right\}=\left\{\begin{matrix}a^2-\alpha^2\\ (a+\alpha)(a-\alpha)\end{matrix}\right.$$

folglich $AD : a+\alpha = a-\alpha : TM$

mithin ist TM, somit $\left\{\begin{matrix}AB-TM\\ AT+BM\end{matrix}\right\}$ gegeben.

$$\text{Da } DA : AB = DP : PU$$

$$=\left\{\begin{matrix}DP.QN\\ NC\\ \alpha^2\end{matrix}\right\} : \left\{\begin{matrix}PU.QN\\ AT.BM\end{matrix}\right.$$

so ist AT.BM, somit (Dat. 86.) sowohl AT, als BM, also sind die Punkte U, P, N, Q, folglich die Seiten der Rechtecke AN, NC gegeben.

Construction.

Man mache BA=G, AD=H, DC $\#$ AB, BC $\#$ AD, OA=AB, beschreibe über DO einen Halbkreis, welcher der verlängerten BA in G begegne, nehme EA=α, EF=a, HA=AF, FK $\#$ DH, EL $\#$ GO, LS $\#$ AB, beschreibe über BK einen, die Linie LS in S erreichenden, Halbkreis, mache SMA=R, MT=AK, MR $\#$ TV $\#$ AD, ziehe die Diagonale BD, welche der Linie TV in U begegne, ziehe die, die Linien AD, MR, BC in P, N, Q schneidende, gerade Linie UP, so sind AN, NC die gesuchten Rechtecke.

Determination.

Damit der Halbkreis über BK der Linie LS begegne, muſs seyn $AL \leqq \frac{1}{2}BK$

$$\text{also}\ \left.\begin{array}{r}EA:AL\\GA:AO\\DA:AG\end{array}\right\}\geqq\left\{\begin{array}{l}EA:\tfrac{1}{2}BK\ \text{(El. V. 8.)}\\2\alpha:\left\{\begin{array}{l}BK\\BA-AK\end{array}\right.\end{array}\right.$$

$$\text{folglich}\ \left.\begin{array}{r}DA\,.\,AB-DA\,.\,AK\\\text{(El.VI.B.16. I.47.)}\ AG^2-a^2+\alpha^2\end{array}\right\}\geqq 2\alpha\,.\,AG\ \text{(Hauber §. 53.)}$$

$$\text{mithin}\ AG^2-2\alpha\,.\,AG+\alpha^2\geqq a^2$$

$$\text{somit}\ AG-\alpha\geqq a$$

$$\text{demnach}\ \left.\begin{array}{r}AG\\\sqrt{BA\,.\,AD}\end{array}\right\}\geqq a+\alpha.$$

Beweis.

$$\text{Es ist}\ \left.\begin{array}{r}\sqrt{BA\,.\,AD}\\AG\end{array}\right\}\geqq a+\alpha$$

$$\text{also}\ AG^2-2\alpha.AG+\alpha^2\geqq a^2$$

$$\text{folglich}\ \left.\begin{array}{r}\left.\begin{array}{r}AG^2\\DA\,.\,AB\end{array}\right\}-\left\{\begin{array}{c}a^2-\alpha^2\\AF^2\\DA\,.\,AK\end{array}\right\}\\DA\,.\,(BA-AK)\end{array}\right\}\geqq 2\alpha.AG$$

$$\text{mithin}\ \left.\begin{array}{r}DA:AG\\GA:AO\\EA:AL\\\alpha^2\end{array}\right\}\geqq\left\{\begin{array}{l}2\alpha:BA-AK\\\alpha:\tfrac{1}{2}BK\end{array}\right.$$

$$\text{somit}\ AL\leqq\tfrac{1}{2}BK$$

demnach berührt, oder schneidet die Linie LS den Kreis.

$$\text{Da } \left.\begin{array}{r} DA : AB \\ (\text{El.VI.20.Zus.2.})\ GA^2 : AO^2 \\ \left.\begin{array}{r} EA^2 \\ \alpha^2 \end{array}\right\} : AL^2 \end{array}\right\} = \left\{\begin{array}{l} DP:PU \\ CQ:AT \\ CQ.QN : \left\{\begin{array}{l} AT.BM \\ KM.MB \\ \quad SM^2\ (\text{El.VI.8.}) \\ \quad AL^2 \end{array}\right. \end{array}\right.$$

---

so ist $CQ . QN = \alpha^2$

$$\text{folglich } \left.\begin{array}{r} CN + MV \\ \left.\begin{array}{r} CU \\ AU \end{array}\right\} + UM \\ AN \end{array}\right\} \begin{array}{l} = \alpha^2 + \left\{\begin{array}{l} DA . AK \\ a^2 - \alpha^2 \end{array}\right. \\ = a^2 \end{array}$$

Da auch $AM + NQ = AM + MB$, $AP + NR = AP + PD$
$\qquad\qquad\qquad\qquad = AB \qquad\qquad\qquad = AD$
so sind AN, NC die gesuchten Rechtecke.

Zusatz.

Es erhellet von selbst, daſs es im Fall eines Durchschnittes der Linie LS mit dem Kreise ein zweites Paar Rechtecke mit der gegebenen Eigenschaft giebt.

Fall 3.

Es sey $a < \alpha$.

Dieser Fall wird eben so behandelt, wie Fall 2.

Anmerkung 1.

Die Aufgabe läſst sich auch in folgender Art behandeln.

Analysis. (Fig. 75.)

Es seyen AMNP, NQCR die gesuchten Rechtecke, so ist, wenn durch den Durchschnitt W der Linie NP mit der geraden Linie AR die, die Linien AB, CD in V, S schneidende, gerade Linie VS⧺AD gezogen wird,

$$\left.\begin{array}{r} SA \\ AD.DS \end{array}\right\} = \left\{\begin{array}{l} AN \text{ (El. I. 43.)} \\ a^2 \end{array}\right.$$

also $DA : a = a : DS$ (El. VI. 17.)
folglich ist DS, somit der Punkt S gegeben.

$$\text{Ferner ist } \left.\begin{array}{r} RS : SW \\ CR.RS : \left\{\begin{array}{c} CR.SW \\ CR.RN \\ \alpha^2 \end{array}\right\} \end{array}\right\} = \left\{\begin{array}{l} RD : DA \text{ (El. VI. 4.)} \\ RD.DS : \left\{\begin{array}{l} AD.DS \text{ (El. VI. 1.)} \\ a^2 \end{array}\right. \end{array}\right.$$

also $RD.DS : CR.RS = a^2 : \alpha^2$.

Da die Punkte D, S, C gegeben sind, so ist die Aufgabe auf Apoll. de sect. det. Buch I. Aufg. 3. Fall 3. reducirt.

Construction.

Man mache $BA = G$, $BAD = R$, $AD = H$, $DC \# AB$, $BC \# AD$, $FC = CT = HC = a$, $FU \# BT$, $DS = CU$, $CE = \alpha$, $HEG = R$, $GK \# HU$, $CKL = R = DSO$, $LK = KC$, $OS = SD$, beschreibe über der geraden Linie OD einen Halbkreis, welcher der Linie CD in R begegne, ziehe $RM \# AD$, verlängere SO bis zum Durchschnitt W mit der geraden Linie AR, und ziehe $WN \# AB$ so sind AN, NC die gesuchten Rechtecke.

Determination.

Damit der Halbkreis über OL der Linie CD begegne, muſs verm. Apoll. l. c. Det. seyn

$$\text{(El. VI. 20. Zus. 2.)} \quad \left.\begin{array}{r} HC : CG \\ HC^2 : CE^2 \\ a^2 : \alpha^2 \end{array}\right\} \geqq$$

$$\left\{\begin{array}{l} SD : CD + DS - 2\sqrt{CD.DS} \\ \left\{\begin{array}{c} SD.DA \\ BC.CU \\ a^2 \end{array}\right\} : \left\{\begin{array}{l} CD.DA + AD.DS - 2AD\sqrt{CD.DS} \text{ (El. VI. 1.)} \\ G.H + a^2 \left\{\begin{array}{l} -2H\sqrt{G.\frac{a^2}{H}} \\ -2a\sqrt{G.H} \end{array}\right. \end{array}\right. \end{array}\right.$$

$$\text{also } \alpha^2 \leqq a^2 + G.H - 2a\sqrt{G.H} \text{ (El. V. 10.)}$$

$$\text{folglich } \alpha \leqq \sqrt{G.H} - a$$

$$\text{mithin } a + \alpha \leqq \sqrt{G.H}.$$

Beweis.

$$\text{Es ist } a + \alpha \leqq \sqrt{G.H}$$

also berührt, oder schneidet der Kreis die Linie CD. Ferner ist verm. Apoll. l. c. Bew.

$$SD.DR : SR.RC = AC : CG$$
$$= a^2 : \alpha^2$$

$$\text{also } SR.RC : \alpha^2 = SD.DR : \left\{\begin{array}{c} a^2 \\ AD.DS \end{array}\right.$$
$$= RD : DA$$
$$= RS : SW$$
$$= SR.RC : \left\{\begin{array}{c} SW.RC \\ CN \end{array}\right.$$

$$\text{folglich } \alpha^2 = CN.$$

Da auch $AN = AS = AD.DS = a^2$, und $AM + NQ = AB = G$, $AP + NR = AD = H$, so sind AN, NC die gesuchten Rechtecke.

16

Zusatz.

Es erhellet leicht, dafs im Fall eines Durchschnittes der zweite Durchschnittspunkt R′ gleichfalls zwey Rechtecke mit der gegebenen Eigenschaft bestimme.

Anmerkung. 2.

In ähnlicher Art wird die Aufgabe behandelt, wenn, statt der Summe der Grundlinien und der Summe der Höhen, der Unterschied der Grundlinien und der Unterschied der Höhen gegeben wird.

Anmerkung 3.

Die in Anm. 2. enthaltene Aufgabe läfst sich verm. derselben Analysis, wie in Anm. 1., auf dieselbe Aufg. in Apoll. de sect. det. reduciren.

Aufgabe 135. (*Fig.* 76.)

Die Seiten zweyer Rectangel zu finden, deren Flächenräume den Quadraten der gegebenen geraden Linien a, α, und in welchen der Unterschied der Grundlinien und die Summe der Höhen den gegebenen geraden Linien G, H gleich seyen.

Analysis. (Fig. 76. a.)

Es seyen AN, NC die gesuchten Rectangel, also BA, AD gegebene Linien, jene = G, diese = H, so ist, wenn man, durch den Durchschnitt U der Diagonale BD des gegebenen Parallelogrammes DABC mit der verlängerten Seite NQ des Parallelogrammes QNRC, die, die Linien DC, AB in V, T schneidende, gerade Linie

VT$\#$AD zieht, $\left.\begin{matrix}AN\\ a^2\end{matrix}\right\}=\left\{\begin{matrix}AU\\ CU\end{matrix}\right\}+UM$ (El. I. 43.)

$$=TR-\left\{\begin{matrix}CN\\ \alpha^2\end{matrix}\right.$$

also $a^2+\alpha^2=TR$

$$=AD\,.\,MT$$

folglich $AD:\sqrt{a^2+\alpha^2}=\sqrt{a^2+\alpha^2}:MT$ (El. VI.17.), mithin ist MT, somit $\left\{\begin{matrix}MT-AB\\ BM-AT\end{matrix}\right\}$ gegeben.

Da $DA:AB=DP:PU$

$$=\left\{\begin{matrix}DP\,.\,QN\\ \alpha^2\end{matrix}\right\}:\left\{\begin{matrix}PU\,.\,QN\\ AT.BM\end{matrix}\right.$$

so ist AT . BM, demnach sowohl AT, als BM (Dat. 86.), also sind die Punkte U, P, N, Q, somit die Seiten der Rechtecke AN, NC gegeben.

Construction.

Man mache BA=G, BAD=R, DA=H, BC$\#$AD, CD$\#$AB, OA=AB, beschreibe über DO einen, der verlängerten BA in G begegnenden, Halbkreis, nehme AE=α, AEx=R, xE=a, FA=Ax=AH, TK$\#$DH, BW=WK, EL $\#$GO, LS$\#$AB, MW=WS, AT=MK, TU$\#$AD$\#$MR, und ziehe durch den Durchschnitt U der Linien TU, BD die die Linien AD, MN, BC in P, N, Q schneidende, gerade Linie PN$\#$AB, so sind AN, NC die gesuchten Rechtecke.

Beweis.

$$\left.\begin{array}{r}\text{Es ist } DA:AB\\ (\text{El.VI.20.Zus.2.})\ GA^2:AO^2\\ \left.\begin{array}{r}EA^2\\ \alpha^2\end{array}\right\}:AL^2\end{array}\right\} = \left\{\begin{array}{l}DP:PU\\ CQ:AT\\ CQ.QN:\left\{\begin{array}{l}AT.BM\ (\text{El.VI.1})\\ KM.MB\\ \quad BS^2\quad (\text{El.II.6.})\\ \quad AL^2\end{array}\right.\end{array}\right.$$

$$\text{also } \alpha^2 = CQ.QN$$

$$\text{folglich } \left.\begin{array}{r}a^2+\alpha^2-\alpha^2\\ a^2\end{array}\right\} = \left\{\begin{array}{l}Ax^2\\ AF^2\\ DA.AK\\ DA.TM\end{array}\right\} - CQ.QN \quad (\text{El.VI.4.17.})$$

$$= MU + \left\{\begin{array}{l}UC\\ UA\end{array}\right.$$

$$= AN.$$

$$\text{Da } \begin{array}{l}AM-QN = AM-MB\\ \qquad\qquad = AB\end{array},\quad \begin{array}{l}AP+CQ = AP+PD\\ \qquad\qquad = AD\end{array}$$

so haben die Rechtecke AN, NC die gegebene Eigenschaft.

Zusatz.

Macht man auch M'W=WS, T'A=M'K, T'U' ♯ AD ♯ M'R', zieht man durch den Durchschnitt U' der Linie T'U' mit der verlängerten BD die Linie U'Q' ♯ AB, und verlängert man M'R', BC, bis sie der Linie U'Q' in N', Q' begegnen, so ist

$$\left.\begin{array}{r}DA:AB\\ \alpha^2:AL^2\end{array}\right\} = \left\{\begin{array}{l}DP':P'U'\quad (\text{El. VI. 4.})\\ CQ':AT'\\ CQ'.Q'N':\left\{\begin{array}{l}AT'.BM'\\ KM'.M'B\\ \quad BS^2\quad (\text{El. II. 6.})\\ \quad AL^2\end{array}\right.\end{array}\right.$$

also $\alpha^2 = CN'$

$$\text{folglich } \left.\begin{matrix} a^2+\alpha^2-\alpha^2 \\ a^2 \end{matrix}\right\} = \left\{\begin{matrix} Ax^2 \\ DA.AK \\ DA.M'T' \end{matrix}\right\} - CN'$$

$$= T'N' - \left\{\begin{matrix} CU' \\ U'A \end{matrix}\right.$$

$$= AN'.$$

Da $AM'+CR'=AM'+M'B$, und $AP'-N'R'=AN'-P'D$,
$=AB$ $=AD$

so sind AN', $N'C$ zwey Rechtecke mit den gegebenen Flächenräumen, in welchen die Summe der Grundlinien $=G$, die Differenz der Höhen $=H$.

Anmerkung.

Dieselbe Aufgabe läfst sich auch in folgender Weise behandeln.

Analysis. (Fig. 76. b.)

Es seyen AMNP, NQCR die gesuchten Rechtecke, so ist, wenn, durch den Durchschnitt W der geraden Linie NP mit der geraden Linie AR, die, die Linien AM, DR in V, S schneidende, gerade Linie VS$\#$AD gezogen wird, $\left.\begin{matrix} AS \\ AD.DS \end{matrix}\right\} = \left\{\begin{matrix} AN \\ a^2 \end{matrix}\right.$ (El. I. 43.)

also $AD : a = a : DS$,

folglich ist DS, somit der Punkt S gegeben.

$$\text{Ferner ist } \left.\begin{matrix} RS:SW \\ CR.RS: \left\{\begin{matrix} CR.SW \\ CQ.QN \\ \alpha^2 \end{matrix}\right\} \end{matrix}\right\} = \left\{\begin{matrix} RD:DA \\ RD.DS: \left\{\begin{matrix} SD.DA \\ a^2 \end{matrix}\right. \end{matrix}\right.$$

also $RD.DS : CR.RS = a^2 : \alpha^2$.

Da S, C, D gegeben sind, so ist die Aufgabe auf Apoll. de sect. det. Buch I. Aufg. 4. Fall 1. reducirt.

Aufgabe 136. (*Fig.* 77.)

Die Seiten zweyer Rectangel zu finden, deren Flächenräume den Quadraten der gegebenen geraden Linien a, α, und in welchen der Ueberschufs der Grundlinie des ersten über die des zweiten, und der Ueberschufs der Höhe des zweiten über die des ersten den gegebenen geraden Linien G, H gleich seyen.

Fall 1.

Es sey $a = \alpha$. (Fig. 77. a.)

Analysis.

Es seyen APNM, CQNR die gesuchten Rectangel, also AP = AM − NQ = G, AD = CQ − PA = H,

AN = NC

folglich $\left.\begin{matrix}AQ\\AB.BQ\end{matrix}\right\} = \left\{\begin{matrix}BR\\CB.BM\end{matrix}\right.$

so ist $\left.\begin{matrix}AB:BC\\BA:AD\end{matrix}\right\} = \left\{\begin{matrix}MB:BQ\\NQ:QB\end{matrix}\right.$

mithin liegen die Punkte D, B, N in einer geraden Linie. Halbirt man AB in G, und zieht GH ‡ AD, auch durch den Durchschnitt H der Linie BD mit GH die gerade Linie HK ‡ AB, so ist, wenn KH, HL den Linien NR, PQ in K, L begegnen, KB = BL

= LA

also BK + ML = AN

$= a^2$

folglich HLNK = a^2 + GE

mithin ist HLNK der Gröfse und Art nach gegeben, somit sind KH, HL, und die Rechtecke AN, NC gegeben.

Construction.

Man mache AB=G, ABC=R, CB=H, CD#AB, AD#BC, BG=GA, GH#BC, ziehe die, die Linie GH in H schneidende, Diagonale BD, HE#AB, bezeichne den Durchschnitt der Linien HE, BC mit E, nehme FB=a=LB, FO#CL, beschreibe über GO einen Halbkreis, verlängere CB bis zum Durchschnitt mit demselben in S, mache MG=GS, MR#BC, ziehe durch den Durchschnitt N der verlängerten Linie MR mit der verlängerten Diagonale die Linie NP#AB, und verlängere DA bis zum Durchschnitt mit NP in P, so sind AN, NC die gesuchten Rectangel.

Beweis.

$$\text{Es ist } EG : LK = BG^2 : \begin{cases} GM^2 \\ GS^2 \end{cases} \text{ (El. VI. 20.)}$$

$$= BG : GO \text{ (El. VI. 20. Zus. 2.)}$$

$$= EG : HO \text{ (El. VI. 1.)}$$

$$\text{also } LK = HO$$

$$\text{folglich } \left.\begin{matrix} EM \\ BL \\ LA \end{matrix}\right\} + MQ + QG \left.\begin{matrix} \\ \\ \\ AN \\ NC \end{matrix}\right\} \begin{cases} = EO \\ = FB \,.\, BL \text{ (El. VI. 4. 16.)} \\ = a^2 \end{cases}$$

Da auch $AM - NQ = AM - MB$, und $CQ - AP = CQ - QB$

$$= AB \qquad\qquad = BC$$

$$= G \qquad\qquad = H$$

so sind AN, NC die gesuchten Rechtecke.

Zusatz.

Macht man auch $M'G = GM$, $M'N' \# BC$, $N'Q' \# AB$,
so ist $N'C = AN$, $AN' = NC$

also $AN' = \alpha^2$, $N'C = a^2$.

Da $CR' - AM' = BM' - M'A$, und $AP' - CQ' = BQ' - Q'C$
$= AB$ $\qquad = BC$
$= G$ $\qquad = H$

so haben auch die Rechtecke AN', $N'C$ die gegebenen Eigenschaften.

Fall 2.

Es sey $a > \alpha$. (Fig. 77. b.)

Analysis.

Es seyen $APNG$, $CQNR$ die gesuchten Rechtecke, also $AN > NC$

$$\text{folglich}\ \left.\begin{array}{r}AQ\\AB.BQ\end{array}\right\} > \left\{\begin{array}{l}GC\\CB.BG\end{array}\right.$$

$$\text{mithin}\ \left.\begin{array}{r}AB:BC\\BA:AD\\TQ:QB\end{array}\right\} > \left\{\begin{array}{l}GB:BQ\\NQ:QB\end{array}\right.$$

(Hauber §. 52.) wenn die verlängerten DB, PQ einander in T schneiden;

somit $TQ > QN$.

$$\text{Ferner ist}\ \left.\begin{array}{r}AN - NC\\a^2 - \alpha^2\\(a+\alpha)(a-\alpha)\end{array}\right\} \begin{array}{l}= AQ - GC\\= SR - GC\end{array}$$

wenn TS ($\# AD$) der verlängerten DC in S begegnet;

$= RG.GH$
$= CB.GH$

also $CB : a+\alpha = a-\alpha : GH$

folglich ist $GH = HA - AG$ gegeben

mithin $GH + AB = HA - BG$ gegeben.

$$\text{Da } DA : AB = DP : PT$$
$$= CQ : AH$$
$$= \left\{\begin{matrix} CQ \,.\, BG \\ CN \\ \alpha^2 \end{matrix}\right\} : AH \,.\, BG$$

so ist $AH \,.\, BG$, somit (Dat. 85.) sowohl AH, als BG, demnach sind die Punkte T, N, P, somit die Rechtecke gegeben.

Construction.

Man mache AB=G, ABC=R, CB=H, AD‡BC, CD‡AB, LB=α, LF=a, WB=BF, FK‡CW, AO=OK, EB=BA, beschreibe über EC den, die Linie BA in V schneidenden, Halbkreis, ziehe LM‡VE, durch den Durchschnitt M der verlängerten CB mit LM die, der verlängerten DA in U begegnende, gerade Linie MU‡AB, mache HO=OU, HG=BK, ziehe HT‡GN‡CB, durch den Durchschnitt T der Linie HT mit der verlängerten DB die Linie TQ‡AB, und bezeichne den Durchschnitt der Linien TQ, GN mit N, so sind AN, NC die gesuchten Rechtecke.

Beweis.

$$\text{Es ist } \left.\begin{matrix} DA \,.\, AB \\ CB : BE \\ \text{(El. VI. 20. Zus. 2.)}\; VB^2 : BE^2 \\ \left.\begin{matrix} LB^2 \\ \alpha^2 \end{matrix}\right\} : \left\{\begin{matrix} BM^2 \\ AU^2 \\ AH.HK \\ AH.BG \end{matrix}\right\} \end{matrix}\right\} \begin{matrix} = DP : PT \\ = CQ : AH \\ = CQ \,.\, BG : AH \,.\, BG \end{matrix}$$

(El. II. 6.)

$$\text{also } \alpha^2 = CQ \,.\, BG$$

$$\text{folglich } \left.\begin{matrix}\alpha^2 + a^2 - \alpha^2 \\ a^2\end{matrix}\right\} = NC + \left\{\begin{matrix}BF^2 \\ CB \,.\, BK \\ RG \,.\, GH\end{matrix}\right.$$

$$= \left\{\begin{matrix}CH \\ BP\end{matrix}\right\} + NB$$

$$= AN.$$

Da auch $AG - QN = AG - GB$, und $CQ - AP = CQ - QB$
$\qquad\qquad\qquad\qquad = AB \qquad\qquad\qquad\qquad\qquad = BC$
$\qquad\qquad\qquad\qquad = G \qquad\qquad\qquad\qquad\qquad\; = H$
so haben AN, NC die gegebenen Eigenschaften.

Zusatz.

Macht man auch $H'O = OU$, $G'H' = BK$, $H'T' \# AD$, $T'Q' \# AB$, so ist

$$\begin{matrix} & & DA : AB \\ \left.\begin{matrix}LB^2 \\ \alpha^2\end{matrix}\right\} & : & \left\{\begin{matrix}AU^2 \\ KH' \,.\, H'A \\ BG' \,.\, AH'\end{matrix}\right.\end{matrix} \left.\vphantom{\begin{matrix}a\\a\\a\\a\end{matrix}}\right\} \left\{\begin{matrix} = DP' : P'T' \\ = CQ' : AH' \\ = CQ' \,.\, BG' : AH' \,.\, BG'\end{matrix}\right.$$

$$\text{also } \alpha^2 = \left\{\begin{matrix}CQ' \,.\, BG' \\ CN'\end{matrix}\right.$$

$$\text{folglich } \left.\begin{matrix}a^2 - \alpha^2 + \alpha^2 \\ a^2\end{matrix}\right\} = CN' + \left\{\begin{matrix}BF^2 \\ CB \,.\, BK \quad (\text{El.VI.4.17.}) \\ R'G' \,.\, G'H' \\ R'H'\end{matrix}\right.$$

$$= N'B - \left\{\begin{matrix}BS' \\ BP'\end{matrix}\right.$$

$$= AN'$$

Da $CR' - AG' = BG' - AG'$, und $AP' - R'N' = AP' - P'D$
$\qquad\qquad\qquad = AB \qquad\qquad\qquad\qquad\qquad\qquad = AD$
$\qquad\qquad\qquad = G \qquad\qquad\qquad\qquad\qquad\qquad\; = H$

so sind auch AN′, CN′ Rechtecke mit den gegebenen Eigenschaften.

Fall 3.

Es sey $a < \alpha$. (Fig. 77. c.)

Analysis.

Es seyen APNG, CQNR die gesuchten Rechtecke,

$$\text{also } AN < NC$$

$$\text{folglich } \left.\begin{matrix}AQ\\AB\,.\,BQ\end{matrix}\right\} < \left\{\begin{matrix}GC\\CB\,.\,BG\end{matrix}\right.$$

$$\text{mithin } \left.\begin{matrix}AB:BC\\BA:AD\\TQ:QB\end{matrix}\right\} < \left\{\begin{matrix}GB:BQ\\NQ:QB\end{matrix}\right.$$

(Hauber §. 52.) wenn die verlängerten DB, PQ einander in Q schneiden;

$$\text{somit } TQ < QN.$$

$$\text{Ferner ist } \left.\begin{matrix}NC-AN\\a^2-\alpha^2\\(a+\alpha)(a-\alpha)\end{matrix}\right\} = CG - \left\{\begin{matrix}AQ\\BS,\end{matrix}\right.$$

wenn TS (⋕AD) der verlängerten DC in S begegnet;

$$= HG\,.\,GR$$

$$\text{also } RG : a+\alpha = a-\alpha : GH$$

$$\text{folglich ist } GH = GA - AH \text{ gegeben}$$

$$\text{mithin } AB - GH = HA - BG \text{ gegeben.}$$

$$\begin{aligned}\text{Da } DA : AB &= DP : PT\\ &= CQ : AH\\ &= \left\{\begin{matrix}CQ\,.\,BG\\ \alpha^2\end{matrix}\right\} : AH\,.\,BG\end{aligned}$$

so ist AH . BG, somit (Dat. 85.) sowohl AH, als BG,

demnach sind die Punkte T, N, P, und die Rechtecke AN, NC gegeben.

Construction.

Buchstäblich, wie zu Fall 2.

Beweis.

$$\left.\begin{array}{r} \text{Es ist } DA:AB \\ VB^2:BE^2 \\ LB^2:\begin{Bmatrix} BM^2 \\ AU^2 \end{Bmatrix} \\ \alpha^2:\begin{Bmatrix} AH.HK \\ AH.BG \end{Bmatrix} \end{array}\right\} \begin{array}{l} =DP:PT \\ =CQ:AH \\ =\begin{Bmatrix} CQ.BG \\ CN \end{Bmatrix}:AH.BG \\ \\ \end{array}$$

$$\text{also } CN=\alpha^2$$

$$\text{folglich } \begin{Bmatrix} \alpha^2-\alpha^2+a^2 \\ a^2 \end{Bmatrix} = CN - \begin{Bmatrix} BF^2 \\ CB.BK \\ RG.GH \\ RH \end{Bmatrix}$$

$$= \begin{Bmatrix} CH \\ BP \end{Bmatrix} + BN$$

$$= AN.$$

Da auch $AG-QN=AG-GB$, und $CQ-AP=CQ-QB$

$$=AB \qquad\qquad =BC$$

$$=G \qquad\qquad =H$$

so haben die Rechtecke AN, NC die gegebenen Eigenschaften.

Zusatz.

Macht man auch H'O=OU, H'T'#AD, T'Q'#CD, HG=BK, GN#AD, so ist

$$\alpha^2 : \left\{\begin{matrix} DA:AB \\ AU^2 \\ AH'.H'K \\ AH'.BG' \end{matrix}\right\} \left\{\begin{matrix} =DP':P'T' \\ =CQ':AH' \\ = \left\{\begin{matrix} CQ'.BG' \\ CN' \end{matrix}\right\} : BG'.AH', \end{matrix}\right.$$

---

also $\alpha^2 = CN'$

$$\text{folglich } \left.\begin{matrix} \alpha^2 - \alpha^2 + a^2 \\ a^2 \end{matrix}\right\} = CN' - \left\{\begin{matrix} BF^2 \\ CB.BK \\ R'G'.G'H' \\ R'H' \end{matrix}\right.$$

$$= BN' - \left\{\begin{matrix} CH' \\ BP' \end{matrix}\right.$$

$$= AN'.$$

Da $CR' - AG' = CR' - R'D$, und $AP' - CQ' = AP' - P'D$

$= AB \qquad\qquad = AD$

$= G \qquad\qquad = H$

so sind auch CN', N'A Rechtecke mit der gegebenen Eigenschaft.

Aufgabe 137. (Fig. 78.)

Die Seiten zweyer gleichen Rechtecke mit ungleichen Höhen zu finden, deren Grundlinien zusammengenommen der gegebenen geraden Linie G gleich, und welche überdiefs so beschaffen seyen, dafs die Rechtecke, welche auf denselben Grundlinien stehen, aber die verwechselten Höhen haben, den Quadraten der gegebenen geraden Linien a, α gleich seyen.

Analysis.

Es seyen OF, FC die gesuchten Rechtecke, also DF, BE die durch Verwechselung der Höhen auf denselben

Grundlinien gebildeten, so ist $\left.\begin{matrix}DF:BE\\ DA.AF.BF.FE\end{matrix}\right\}=a^2:\alpha.$

$$\text{Da }\left.\begin{matrix}OF\\ AF.FE\end{matrix}\right\}=\left\{\begin{matrix}FC\\ FB.BC\end{matrix}\right.$$

$$\text{so ist } AF:FB=BC:FE$$

$$\text{also } AF^2:FB^2=\left\{\begin{matrix}BC.AF\\ DA.AF\end{matrix}\right\}:BF.FE$$

$$\text{folglich } AF^2:FB^2=a^2:\alpha^2$$

$$\text{mithin } AF:FB=a:\alpha$$

demnach ist AF : FB gegeben, somit ist AF, also sind der Punkt F, die Linien DA, AO, und die Rechtecke gegeben.

Construction.

Man meche BA=G, BAG=BAD=R, AG=a, GH =α, FGK=R=BHL=AKM, GF#BH, ziehe durch den Durchschnitt F der Linien GF, AB die Linie FE #AD, und mache MK=KL, DA=AK, ME#AB, DC #AB, BC#AD, so sind OF, FC die gesuchten Rechtecke.

Beweis.

$$\text{Es ist } AF:FB=\left\{\begin{matrix}AG:GH\\ AK:KL\\ DA:AO\end{matrix}\right.$$

$$\text{also }\left.\begin{matrix}FA.AO\\ OF\end{matrix}\right\}=\left\{\begin{matrix}DA.FB\\ FC\end{matrix}\right.$$

$$\text{Ferner ist } FA:AG=GA:\left\{\begin{matrix}AK\\ AD\end{matrix}\right.$$

$$\text{also } FA.AD=\left\{\begin{matrix}AG^2\\ a^2\end{matrix}\right.$$

Auch ist $BF : GH = FA : AG$
$= GA : AK$
$= HG : \begin{cases} KL \\ AO \\ BN \end{cases}$

---

also $FB . BN = \begin{cases} GH^2 \\ \alpha^2 \end{cases}$

folglich sind OF, FC die gesuchten Rectangel.

Anmerkung 1.

Auf ganz ähnliche Weise wird die Aufgabe aufgelöset, wenn statt der Summe der Grundlinien die Differenz derselben gegeben wird.

Anmerkung 2.

Dieselbe Aufgabe läfst sich auch in folgender Art behandeln.

Analysis. (Fig. 79.)

Es seyen AMNP, NQCR die gesuchten Rechtecke, so ist, wenn durch den Durchschnitt W der verlängerten NP mit der verlängerten geraden Linie AR die, die verlängerten Linien AM, RD in V, S schneidende, gerade Linie VS ⧣ AD gezogen wird, $\begin{matrix} AS \\ AD . DS \end{matrix} \Big\} = \begin{cases} AN \\ a^2 \end{cases}$

---

also $AD : a = a : DS$

folglich ist DS, somit der Punkt S gegeben.

Ferner ist $RS : SW \Big\} = \begin{cases} RD : DA \\ RD . DS : \begin{cases} AD . DS \\ a^2 \end{cases} \end{cases}$
$CR . RS : \begin{cases} CR . SW \\ QC . CR \\ \alpha^2 \end{cases}$

---

also $SD . DR : CR . RS = a^2 : \alpha^2$.

Da die Punkte S, D, C gegeben sind, so ist die Aufgabe auf Apoll. de sect. det. Buch I. Aufg. 4. Fall 2. reducirt.

Aufgabe 138. (*Fig.* 80.)

Die Seiten zweyer Rectangel zu finden, in welchen die Summe der Grundhnien der gegebenen geraden Linie G, die Summe der Flächen dem Quadrate der gegebenen geraden Linie S gleich sey, und die Rechtecke, welche auf denselben Grundlinien mit verwechselten Höhen gebildet werden, den Quadraten der gegebenen geraden Linien a, α gleich seyen.

Analysis.

Es seyen OF, FC die gesuchten Rechtecke, so ist

$$OF+FC=S^2,\ DF=a^2,\ FN=b^2$$

also $$\underbrace{OF+FC+DF+FN}_{OC}=S^2+a^2+b^2$$

folglich ist OC, mithin OD gegeben. Da auch AB = AF+FB gegeben ist, so sind zwey Rechtecke DF, FN von gegebenen Flächenräumen mit gegebener Summe der Grundlinien und gegebener Summe der Höhen zu beschreiben, mithin ist die Aufgabe auf Aufg. 134. reducirt.

Anmerkung.

Auf ähnliche Art werden die Aufgaben behandelt, wenn statt der Summe der Grundlinien die Differenz derselben, oder statt der Summe der Flächen die Differenz der Flächen gegeben ist.

Aufgabe 139. (*Fig.* 81.)

Auf einer, der Lage nach gegebenen, eine andere, der Lage nach gegebene, gerade Linie AB zwischen zwey in derselben gegebenen Punkten A, B schneidenden geraden Linie DE einen Punkt D zu finden, so daſs der Unterschied der Winkel DAB, DBA dem gegebenen Winkel α gleich sey.

Fall. 1. (Fig. 81. a. b.)

Der Winkel DEA ist $=R$.

Analysis.

Es sey D der gesuchte Punkt, so ist, wenn $CE = EA$ gemacht, und die gerade Linie DC gezogen wird,

$$BDC = \begin{Bmatrix} DCA \\ DAC \end{Bmatrix} - DBC$$

$$= \alpha.$$

Da auch $BC = BE - \begin{Bmatrix} EC \\ EA \end{Bmatrix}$, also gegeben ist, so liegt der Punkt D auf dem Umfange eines, der Gröſse und Lage, nach gegebenen Kreisabschnittes (El. III. 33.), ist also, da er auch auf der Linie DE liegt, gegeben.

Construction.

Man mache $CE = EA$, beschreibe über BC einen Kreisabschnitt, welcher eines Winkels $= \alpha$ fähig ist. Der Punkt D, in welchem derselbe die Linie DE erreicht, ist der gesuchte.

Determination.

Damit über BC ein Abschnitt, des Winkels α fähig, beschrieben werden könne, darf nicht $BC = o$, also nicht

$BE = \begin{cases} EC \\ EA \end{cases}$ seyn. Und damit der Kreis die Linie DE erreiche, mufs, wenn G der Mittelpunkt und GH ein Perpendikel auf DE ist, seyn $GC \overline{\overline{>}} \begin{cases} GH \\ FE \\ \frac{BC+CA}{2} \\ \frac{BE+EA}{2} \end{cases}$

$$\text{Es ist } \left.\begin{matrix} FC \\ \frac{BE-EA}{2} \end{matrix}\right\} : CG = \sin.\alpha : 1$$

$$\text{also mufs seyn } \frac{BE-EA}{2} : \frac{BE+EA}{2} \overline{\overline{>}} \sin.\alpha : 1$$

$$\text{folglich } BE : EA \overline{\overline{<}} \begin{cases} 1+\sin.\alpha : 1-\sin.\alpha & \text{(Propositionum de ration. inter se diversis demonstr. ed. Hauber. Tub. 1793. §. 39.)} \\ \tan.(45^0+\tfrac{1}{2}\alpha)^2 : 1 & \text{(Trigon. Formeln von Diesterweg. Bonn 1822. §. 42.)} \end{cases}$$

Beweis.

Es ist nicht BE = EA (Det.), also läfst sich über BC ein Abschnitt, des Winkels α fähig, beschreiben.

$$\text{Es ist } BE : EA \overline{\overline{<}} \begin{cases} (\tan.45^0+\tfrac{1}{2}\alpha)^2 : 1 \text{ (Det.)} \\ 1+\sin.\alpha : 1-\sin.\alpha \end{cases}$$

$$\text{also } \frac{BE-EA}{2} : \left\{\begin{matrix} \frac{BE+EA}{2} \\ GH \end{matrix}\right\} \overline{\overline{>}} \begin{cases} \sin.\alpha : 1 \text{ (Hauber §. 39)} \\ FC : CG \\ \frac{BE-EA}{2} : CG \end{cases}$$

$$\text{folglich } GH \overline{\overline{<}} GC \text{ (El. V. 10.)}$$

mithin berührt, oder schneidet der Kreis die Linie DE.

Ferner ist $BDC = \left\{ \begin{matrix} ACD \\ DAC \end{matrix} \right\} - DBA$

also ist der Punkt D der verlangte.

Zusatz 1.

Da der Winkel BDC (Fig. 81. a.) gröſser ist, als jeder andere Winkel, welchen zwey, von B, C zu irgend einem anderen Punkte der Linie ED gezogene, gerade Linien mit einander bilden, so bestimmt der Berührungspunkt ein Dreieck mit gröſserem Unterschiede der Winkel an der Grundlinie, als jeder andere Punkt der Linie DE, auch von zwey auf derselben Seite des Berührungspunktes liegenden der näher liegende ein Dreieck mit gröſserem Unterschiede, als der entferntere.

Zusatz 2.

Es ergiebt sich von selbst, daſs man im Fall des Durchschnittes (Fig. 81. b.) zwey Punkte mit der gegebenen Eigenschaft erhält.

Fall 2. (Fig. 81. c.)

Der Winkel DEA ist >R.

Analysis.

Es sey D der gesuchte Punkt, so ist, wenn AKD =R, CK=KA gemacht, DC gezogen; und mit L der Durchschnitt derselben mit AB bezeichnet wird,

$$DLB = ALC$$

$$\text{also } \left. \begin{matrix} LDB \\ CDB \end{matrix} \right\} + LBD \Big\{ = LAC + \left\} \begin{matrix} LCA \\ DAC \end{matrix} \right.$$

$$\text{folglich } CDB = 2LAC + \left\{ \begin{matrix} BAD - DBA \\ a \end{matrix} \right.$$

mithin ist der Winkel CDB der Gröſse nach gegeben.

Da auch BC der Lage und Gröfse nach gegeben ist, so liegt D auf dem Umfange eines der Gröfse und Lage nach gegebenen Kreisabschnittes (El. III. 33.) ist also, da er auch auf DE liegt, gegeben.

Construction.

Man mache AKD=R, CK=KA, beschreibe über der geraden Linie BC einen Abschnitt, welcher eines Winkels $=2BAC+\alpha$ fähig ist. Der Punkt D, in welchem derselbe mit DE zusammentrifft, ist der verlangte.

Determination.

Damit der Kreisbogen die Linie DE erreiche, mufs, wenn G des Kreises Mittelpunkt, und GHD=R ist, seyn

$$GC \geqq \left\{\begin{matrix} GH \\ KM \end{matrix}\right\}, \text{ wenn } GMC=R.$$

$$\text{Es ist } \left.\begin{matrix} FC \\ \tfrac{1}{2}BC \end{matrix}\right\} : CG = \sin.FGC : 1 \\ = \sin.(2BAC+\alpha) : 1$$

$$\text{also } CG = \frac{BC}{2\sin.(2BAC+\alpha)}$$

$$\text{Auch ist } \left.\begin{matrix} GC \\ \dfrac{BC}{2\sin.(2BAC+\alpha)} \end{matrix}\right\} : CM = 1 : \left\{\begin{matrix} \cos.GCM \\ \sin.(R-GCM) \\ \sin.\left(R-BCM-\left\{\begin{matrix} GCF \\ R-\left\{\begin{matrix} BDC \\ 2BAC+\alpha \end{matrix}\right. \end{matrix}\right.\right) \\ \sin.(2R-BCM+2BAC+\alpha) \\ \sin.(2R-ABC+BAC+\alpha) \\ \sin.(BAC-ABC+\alpha) \end{matrix}\right.$$

$$\text{folglich } CM = \frac{BC.\sin.(BAC-ABC+\alpha)}{2\sin.(2BAC+\alpha)}$$

$$\text{mithin } KM = AK + \frac{BC.\sin.(BAC - ABC + \alpha)}{2\sin.(2BAC + \alpha)}$$

demnach mufs seyn

$$\frac{BC}{2\sin.(2BAC+\alpha)} \overline{\gtrless} AK + \frac{BC.\sin.(BAC-ABC+\alpha)}{2\sin.(2BAC+\alpha)}$$

$$\text{also } BC \overline{\gtrless} 2AK.\sin.(2BAC+\alpha) + BC.\sin.(BAC - ABC + \alpha)$$

$$\text{folglich } BC(1-\sin.(BAC-ABC+\alpha)) \overline{\gtrless} 2AK.\sin.(2BAC+\alpha)$$

$$\text{mithin } BC:AK \overline{\gtrless} 2\sin.(2ABC+\alpha) : 1-\sin.(BAC-ABC+\alpha).$$

Beweis.

Es ist $BC:AK \overline{\gtrless} 2\sin.(2BAC+\alpha):1-\sin.(BAC-ABC+\alpha)$, also berührt, oder schneidet der Kreis die Linie KD.

Ferner ist $CDB = 2LAC + \alpha$

$$\text{also } \left.\begin{matrix} LDB + LBD \\ LAC + \left\{\begin{matrix} LCA \\ DAC \end{matrix}\right\} \end{matrix}\right\} = 2LAC + \alpha + LBD$$

$$\text{folglich } \left.\begin{matrix} DAC - LAC - LBD \\ DAB - ABD \end{matrix}\right\} = \alpha.$$

Zusatz 1.

Da der Winkel CDB, wenn D der Berührungspunkt ist, gröfser ist, als jeder andere, welchen die, von irgend einem Punkte der Linie KD zu den Punkten B, C gezogenen, geraden Linien mit einander bilden, so bestimmt der Berührungspunkt ein Dreieck, mit gröfserem Unterschiede der Winkel an der Grundlinie, als jeder andere Punkt der Linie DE; und von zwey, auf derselben Seite des Berührungspunktes liegenden, Punkten bestimmt der nähere ein Dreieck mit gröfserem Unterschiede, als der entferntere.

Zusatz 2.

Es erhellet von selbst, dafs es im Fall eines Durchschnittes zwey Punkte mit der gegebenen Eigenschaft giebt.

Aufgabe 140. (*Fig.* 82.)

Einen Kreis zu beschreiben, welcher durch zwey gegebene Punkte A, B gehe, und eine, der Lage nach gegebene, gerade Linie DE in D, E so schneide, dafs der auf DE liegende Kreisabschnitt einen gegebenen Winkel α fasse.

Analysis.

Es sey C der Mittelpunkt, es seyen DC, CB Radien des gesuchten Kreises, so ist, wenn das Perpendikel CH auf AB gezogen, und, wo nöthig, bis zum Durchschnitt G mit DE verlängert wird, und wenn von einem beliebigen Punkte I der Linie CH die Linien IK, IL den Linien CD, CB parallel gezogen, auch bis zum Durchschnitt mit DE in K, L verlängert werden,

$$\begin{aligned} DC : KI &= CG : GI \\ &= CB : IL \end{aligned}$$

$$\overline{}$$

also KI=IL.

Macht man CMD=R, so ist $\overline{DCM=\alpha}$ (El. III. 20.)

$$\text{also } \left.\begin{matrix} CDM \\ IKG \end{matrix}\right\} = R-\alpha.$$

folglich ist IKG gegeben; mithin ist, da der Punkt I, in der (Dat. 33.) der Lage nach gegebenen geraden Linie, beliebig angenommen werden kann, die Linie KI der Lage und Gröfse nach (Dat. 33.), somit auch IL, demnach BC der Lage nach (Dat. 34.), also der Punkt C (Dat. 28.), und der Radius CB gegeben.

Aufgabe 141. (*Fig.* 83.)

In einen, der Gröſse und Lage nach, gegebenen Kreis ein Dreieck zu legen, von welchem die Verlängerungen zweyer Seiten durch zwey, ausserhalb des Kreises in derselben Ebene, gegebene Punkte A, B gehen, die dritte Seite aber der die Punkte A, B verbindenden geraden Linie parallel sey.

Analysis.

Es sey △CDE das verlangte, so ist, wenn ADG = ABC gemacht wird, und G den Durchschnitt der Linien AB, DG bezeichnet,

DA : AG = BA : AC (El. VI. 4.)

also BA . AG = DA . AC (El. VI. 16.)
= AF^2, wenn die gerade Linie AF den Kreis in F berührt (El. III. 36.);

folglich BA : AF = FA : AG (El. VI. 17.)
mithin ist AG der Gröſse nach (Dat 91. 2.), somit der Punkt G gegeben.

Da ADG = ABC
= DEC

so berührt GD den Kreis in D (El. III. 32. Conv.), also ist der Punkt D (Dat. 94.), folglich die gerade Linie AD der Lage nach, mithin der Punkt C (Dat. 28.), somit der Punkt E (Dat. 28.), und das ganze Dreieck DEC gegeben.

Construction.

Man lege von A an den Kreis die Tangente AF, ziehe die gerade Linie FB, mache AFG=ABF, lege von dem Durchschnitte G der Linie FG mit der Linie AB eine Tangente GD an den Kreis, ziehe durch die Punkte A, D eine gerade Linie, welche dem Kreise in C begegne, und durch B, C die, den Kreis in E schneidende, gerade Linie CE, so ist, wenn die gerade Linie DE gezogen wird, △CDE das verlangte.

Beweis.

Es ist DA . AC = AF² (El. III. 36.)
= BA . AG (El. VI. 4. 17.)

also DA : AG = BA : AC (El. VI. 17.)

folglich AGD = ACB (El. VI. 4.)
= GDE (El. III. 32.)

mithin DE ⋕ AB.

Da auch die Verlängerungen der Seiten DC, CE durch die Punkte A, B laufen, so ist △DCE das verlangte.

Zusatz.

Es erhellet von selbst, dafs es wegen der zweiten Tangente, welche von G an den Kreis gezogen werden kann, ein zweites Dreieck mit der gegebenen Eigenschaft giebt.

Aufgabe 142. (*Fig.* 84.)

In einen, der Gröfse und Lage nach, gegebenen Kreis ein Dreieck zu legen, dessen drey Seiten in ihrer Verlängerung durch drey, ausserhalb des Kreises, in derselben Ebene, in gerader Linie liegende Punkte A, B, F, laufen.

Analysis.

Es sey △DEC das verlangte, so ist, wenn die gerade Linie DH⋕AB den Kreis in H schneidet, und die, die Linie AF in G schneidende, gerade Linie HE gezogen wird, EGB=GHD (El. I. 29.)

=EHD

=DCE (El. III. 21.)

=ACB

also GB : BE=CB : BA (El. VI. 4.)

folglich GB . BA=CB . BE (El. VI. 16.)

$=BK^2$, wenn die gerade Linie BK den Kreis in K berührt (El. III. 36.);

mithin AB : BK=KB : BG (El. III. 17.);

demnach ist BG der Gröſse nach, somit der Punkt G gegeben. Da die Verlängerungen der Seiten DE, EH des Dreieckes DEH durch die gegebenen Punkte G, F laufen, und die dritte Seite DH⋕AB ist, so ist, nach der vorigen Aufgabe, der Punkt E, somit der Punkt C, folglich der Punkt D, und das ganze Dreieck gegeben.

Aufgabe 143. (*Fig.* 85.)

In einen, der Gröſse und Lage nach, gegebenen Kreis ein Dreieck zu legen, von welchem die Verlängerungen zweyer Seiten durch die, ausserhalb des Kreises, in derselben Ebene, gegebenen Punkte A, B gehen, die Verlängerung der dritten mit der, durch die Punkte A, B gezogenen, geraden Linie einen Winkel bilde, welcher dem gegebenen Winkel α gleich sey.

Analysis.

Es sey $\triangle DCE$ das verlangte, so ist, wenn $BEG = BAC$ gemacht, und der Durchschnitt der Linie EG mit der geraden Linie AB durch G bezeichnet wird,

$AB : BC = EB : BG$ (El. VI. 4.)

also $AB . BG = EB . BC$ (El. VI. 16.)

$= HB . BK$, wenn KH ein von B gezogener Durchmesser des Kreises ist (El. III. 36.);

folglich ist $AB : BH = KB : BG$ (El. VI. 16.);
mithin ist BG der Gröfse nach, somit der Punkt G gegeben.

Da $\left.\begin{matrix} GEB \\ CAB \end{matrix}\right\} = \left\{\begin{matrix} CEL \\ \\ \\ CDL \end{matrix}\right.$ CEL, wenn L den Durchschnitt der verlängerten GE mit dem Kreise bezeichnet; CDL (El. III. 21.)

so ist $DL \# AB$

also $LDE = \left\{\begin{matrix} DFG \\ \alpha \end{matrix}\right.$

folglich ist EL (Dat. 91.) der Gröfse nach, mithin das von des Kreises Mittelpunkt O auf EL gefällte Perpendikel OM ebenfalls der Gröfse nach, somit auch ein aus O als Mittelpunkt mit einem Radius $= OM$ beschriebener Kreis der Gröfse und Lage nach, also die von G an denselben gezogene Tangente GM der Lage nach (Dat. 94.), folglich der Durchschnittspunkt E derselben mit dem gegebenen Kreise (Dat. 28.), mithin der Punkt C (Dat. 28.), somit der Punkt D, und das ganze Dreieck gegeben.

Construction.

Man ziehe von B aus den Durchmesser KH des gegebenen Kreises, verbinde H mit K durch die gerade Linie AH, mache BKG=BAH, bezeichne den Durchschnitt der Linie KG mit der geraden Linie AB durch G, mache HON=2α, HOQ=QON, bezeichne mit Q den Durchschnitt der Linie OQ mit der, die Endpunkte der Radien H, N verbindenden geraden Linie HN, beschreibe aus O als Mittelpunkt mit einem Radius =OQ einen Kreis, lege an denselben die Tangente GM, welche den unmittelbar gegebenen Kreis in E schneide, ziehe die gerade Linie BE, welche in ihrer Verlängerung denselben Kreis in C erreiche, verbinde A mit C durch die, diesen Kreis in D schneidende, gerade Linie AC, und D mit E durch die gerade Linie DE, so ist CDE das gesuchte Dreieck.

Beweis.

Es ist AB : BH=KB : BG (El. VI. 4.)

also AB . BG=KB . BH (El. VI. 16.)
=EB . BC (El. III. 36.)

folglich AB : BC=EB : BG (El. VI. 16.)

mithin BAC=BEG (El. VI. 4.)
=CEL
=CDL (El. III. 21.)

demnach LD‡AB

somit LDE = DFG, wenn F der Durchschnitt der verlängerten DE mit der verlängerten AB ist.
(El. III. 20.) ½HON
α

Zusatz.

Es erhellet von selbst, dafs die zweite Tangente, welche von G an den aus O als Mittelpunkt mit OQ, als Radius beschriebenen Kreis gezogen werden kann, ein zweites Dreieck mit der gegebenen Eigenschaft bestimme.

Aufgabe 144. (*Fig.* 86.)

In einen, der Gröfse und Lage nach, gegebenen Kreis ein Dreieck ABN zu legen, dessen Seiten gehörig verlängert, durch drey, in der Ebene des Kreises gegebene, nicht in gerader Linie liegende, Punkte O, M, D, gehen.

Analysis.

Es sey △ABN das verlangte, so ist, wenn MAE = NOM gemacht, und AE bis zum Durchschnitt E der Linien AE, OM verlängert wird,

OM : MN = AM : ME (El. VI. 4.)

also OM . ME = AM . MN (El. VI. 16.)

= GM . MH, wenn HG ein von M gezogener Durchmesser des Kreises ist (El. III. 36.);

folglich OM : MG = HM : ME (El. VI. 16.)

mithin ist ME der Gröfse nach, somit der Punkt E gegeben.

Zieht man durch E, A die, den Kreis in C schneidende, gerade Linie EA, und macht man ECF = EDA,

so ist AE : ED = FE : EC (El. VI. 4.)

also FE.ED=AE.EC (El. VI. 16.)
=UE.EQ (El. III. 36.), wenn UQ ein von E gezogener Durchmesser ist;

folglich DE:EU=QE:EF
mithin ist EF der Gröfse nach, somit der Punkt F gegeben.

Verlängert man FC bis zum Durchschnitt mit dem Kreise in L, und zieht die gerade Linie BL, so ist

LBA+ACL=2R (El. III. 22.)
=FCA+ACL

also LBA = FCA
LBD = EDA

folglich LB#DF.

Da NOM=MAE
=NAC
=NBC

so ist BC#OM

mithin LBC=DEM;

demnach ist LBC ein gegebener Winkel, also ist auch CL, folglich ein von des Kreises Mittelpunkt O auf CL gefälltes Perpendikel OP der Gröfse nach, mithin ein aus O als Mittelpunkt mit einem Radius =OP beschriebener Kreis der Gröfse und Lage nach, somit die von F an denselben gezogene Tangente FP der Lage nach, demnach der Durchschnitt C derselben mit dem unmittelbar gegebenen Kreise, also der Durchschnitt A der geraden Linie EC mit demselben Kreise, folglich der Punkt B, somit der Punkt N, und das ganze Dreieck gegeben.

Construction.

Man ziehe von M durch den Mittelpunkt O den Durchmesser HG, verbinde O mit G durch die gerade Linie OG, mache MHE=GOM, ziehe von dem Durchschnitte E der geraden Linien AE, OM den Durchmesser UQ, verbinde Q mit D durch die gerade Linie DQ, mache EUF=EDQ, ziehe die gerade Linie ED, welche, wenn es nöthig ist, verlängert werde bis zum Durchschnitt mit UF in F, mache GOR=2FEM, ROS =SOG, beschreibe aus O als Mittelpunkt mit einem Radius =OS, wenn S der Durchschnitt der Linie OS mit der, die Endpunkte G, R der Radien GO, OR verbindenden, geraden Linie GR ist, einen Kreis, lege an denselben die Tangente FT, welche den unmittelbar gegebenen Kreis in C schneide, ziehe die, denselben Kreis in A schneidende, gerade Linie EC, verlängere die, die Punkte M, A verbindende gerade Linie MA bis zum Durchschnitt mit diesem Kreise in N, verlängere die, die Punkte D, A verbindende, gerade Linie DA bis zum Durchschnitt mit demselben Kreise in P, und ziehe die geraden Linien BA, ON, NB, so ist △ABN das verlangte.

Beweis.

Es ist OM : MG=HM : ME (El. VI. 4.)

also OM . ME=HM . MG (El. VI. 16.)

=AM . MN (El. III. 36.)

folglich OM : MN=AM : ME (El. VI. 16.)

mithin MNO=MEA (El. VI. 4.).

Ferner ist DE : EQ = UE : EF (El. VI. 4.)

demnach DE . EF = ME . EQ
= AE . EC (El. III. 36.)

somit DE : EA = CE : EF (El. VI. 16.)

also EDA = ECF (El. VI. 4.)
= ABL (El. III. 22.)

folglich BL # DF.

Auch ist LBC = $\frac{1}{2}$ROG (El. III. 20.)
= FEM

mithin BC # EM

somit $\left.\begin{matrix}MEA\\MNO\end{matrix}\right\} = \left\{\begin{matrix}BCA\\BNA\end{matrix}\right.$ (El. III. 21.)

demnach liegen die Punkte N, B, O in einer geraden Linie, also hat das Dreieck ABN die gegebene Eigenschaft.

Zusatz.

Es erhellet von selbst, dafs die zweite Tangente, welche von F an den, aus O als Mittelpunkt, mit einem Radius = OS beschriebenen, Kreis gezogen werden kann, ein zweites Dreieck mit der gegebenen Eigenschaft bestimmt.

Aufgabe 145. (*Fig.* 87.)

In einen, der Gröfse und Lage nach, gegebenen Kreis ein Viereck HEFG zu beschreiben, dessen Seiten in ihrer Verlängerung durch vier gegebene Punkte A, B, C, D gehen.

Analysis.

Es sey HEFG das gesuchte Viereck, so ist, wenn BFI=AEB gemacht, und FI bis zum Durchschnitt I mit der geraden Linie AB verlängert wird,

BIF=BEA (El. I. 32.

=FMH (El. III. 22.), wenn IF in ihrer Verlängerung den Kreis in M schneidet, und HM gezogen wird;

---

also HM#AB (El. I. 27.).

Da auch EB : BA=IB : BF (El. VI. 4.)

---

so ist AB . BI=EB . BF (El. VI. 16.)

also ist AB . BI (Dat. 95.), folglich BI der Gröfse nach, somit der Punkt I gegeben.

Zieht man die gerade Linie IC, und macht CGK=FIC, so ist, wenn GK, IC einander in K schneiden,

CKG=CFI (El. I. 32.)

---

also GKI=CFM (El. I. 13.)

=GLM (El. III. 21.), wenn die verlängerte KG dem Kreise in L begegnet, und LM gezogen wird;

---

folglich LM#CI (El. I. 27.)

---

mithin HML }
(El. III. 21.) HGL } =CIB
KGD }

demnach ist KGD ein gegebener Winkel.

Da auch IC : CF=GC : CK (El. VI. 4.)

---

also IC . CK=GC . CF (El. VI. 16.)

so ist IC . CK (Dat. 95.), folglich CK der Gröfse nach

mithin der Punkt K, somit die gerade Linie KD gegeben; demnach liegt der Punkt G auf dem Umfange eines, der Gröfse und Lage nach, gegebenen Kreisabschnittes (El. I. 33), ist also (Dat. 28.) gegeben, folglich ist auch der Punkt H, mithin der Punkt E, somit der Punkt F, und das ganze Viereck gegeben.

Aufgabe 146. (*Fig.* 88.)

In einen, der Gröfse und Lage nach, gegebenen Kreis ein Fünfeck FGHIK zu legen, dessen Seiten in ihrer Verlängerung durch die gegebenen Punkte A, B, C, D, E laufen.

Analysis.

Es sey FGHIK das gesuchte Fünfeck, so ist, wenn BHL=BAG, der Punkt L gegeben, und, wenn die gerade Linie LH bis zum Durchschnitt mit dem Kreisumfange verlängert wird, OF♯AB, wie Aufg. 145. Aus denselben Gründen ist der Punkt M gegeben, und PQ♯LC, wenn die gerade Linie CL gezogen, und CIM=CLH gemacht wird. Defsgleichen ist N gegeben, und QP♯ME, wenn ME gezogen, EKN=EMI gemacht, NK bis zum Durchschnitt Q mit dem Kreise verlängert, und QP gezogen wird. Also ist END=QRD, wenn die gerade Linie DN bis zum Durchschnitt mit QP verlängert wird.

Da QSD=QRD—RQS, wenn die verlängerte DR der verläng. QF in S begegnet;

=DNE—$\begin{cases}\text{FOP}\\\text{CLB}\end{cases}$

so ist QSD gegeben. Mithin ist FQK ein in den Kreis

beschriebenes Dreieck, dessen Seiten QK, KF in ihrer Verlängerung durch die gegebenen Punkte N, D laufen, und dessen dritte Seite FQ in ihrer Verlängerung mit der verlängerten geraden Linie DN einen gegebenen Winkel bildet. Da dieses Dreieck nach Aufg. 143. gefunden werden kann, so sind die Punkte K, F, somit O, H, G, I, und das ganze Fünfeck gegeben.

Anmerkung.

Die Aufgabe, in einen gegebenen Kreis ein Vieleck von jeder anderen gegebenen Seitenzahl zu beschreiben, dessen Seiten durch gegebene Punkte laufen, läſst sich für jede gerade oder ungerade Seitenzahl nach Aufg. 145. oder 146. auflösen.

Aufgabe 147.

Auf einem der Lage nach gegebenen Radius eines, der Gröſse und Lage nach, gegebenen Kreises zwey, einander ähnliche, gleichschenkelige Dreiecke zu beschreiben, deren Grundlinien zusammengenommen jenen Radius ausmachen, und deren Spitzen in die Peripherie des Kreises fallen.

Aufgabe 148.

Ein Dreieck zu beschreiben, in welchem der Winkel der Spitze, und die Summe der denselben einschlieſsenden Seiten gegeben seyen, und die Höhe die dritte geometrische Proportionallinie zur Grundlinie und dem

Ueberschusse einer gegebenen geraden Linie über die Grundlinie sey.

Aufgabe 149.

Ein Dreieck zu beschreiben, in welchem der Winkel der Spitze, und die Summe der denselben einschliefsenden Seiten gegeben seyen, und die Höhe die dritte geometrische Proportionallinie zur Grundlinie und der Summe der Grundlinie und einer gegebenen geraden Linie sey.

Aufgabe 150.

Ein Dreieck zu beschreiben, in welchem der Winkel der Spitze, und die Summe der denselben einschliessenden Seiten gegeben seyen, und die Höhe die dritte geometrische Proportionallinie zur Grundlinie und dem Ueberschusse der Grundlinie über eine gegebene gerade Linie sey.

Aufgabe 151.

Ein Dreieck zu beschreiben, in welchem der Winkel der Spitze, und die Summe der denselben einschliessenden Seiten gegeben seyen, und die Höhe die vierte geometrische Proportionallinie zu der Grundlinie, der Summe einer gegebenen geraden Linie und der Grundlinie, und dem Ueberschusse derselben Linie über die Grundlinie sey.

Aufgabe. 152.

Ein Dreieck zu beschreiben, in welchem der Winkel der Spitze, und die Summe der denselben einschliessenden Seiten gegeben seyen, und die Höhe die vierte geometrische Proportionallinie zu der Grundlinie, der Summe der Grundlinie und einer gegebenen geraden Linie, und dem Ueberschusse der Grundlinie über dieselbe Linie sey.

Aufgabe 153.

Ein Dreieck zu beschreiben, in welchem der Winkel der Spitze, und die Summe der denselben einschliessenden Seiten gegeben seyen, und die Höhe die vierte geometrische Proportionallinie zu der Grundlinie, der Summe des Ueberschusses einer gegebenen geraden Linie über die Grundlinie und einer anderen gegebenen geraden Linie, und dem Ueberschusse jener Summe über die andere gegebene Linie sey.

Aufgabe 154.

Ein Dreieck zu beschreiben, in welchem der Winkel der Spitze, und die Summe der denselben einschliessenden Seiten gegeben seyen, und die Höhe die vierte geometrische Proportionallinie zu der Grundlinie, der Summe einer gegebenen geraden Linie und des Ueberschusses einer anderen gegebenen geraden Linie über die Grundlinie, und dem Ueberschusse jener gegebenen Linie über diesen Ueberschufs sey.

Aufgabe 155.

Ein Dreieck zu beschreiben, in welchem der Winkel der Spitze, und die Summe der denselben einschliessenden Seiten gegeben seyen, und die Höhe die vierte geometrische Proportionallinie zu der Grundlinie, der Summe des Ueberschusses der Grundlinie über eine gegebene gerade Linie, und einer anderen gegebenen geraden Linie, und dem Ueberschusse jenes Ueberschusses über diese gerade Linie sey.

Aufgabe 156.

Ein Dreieck zu beschreiben, in welchem der Winkel der Spitze, und die Summe der denselben einschliessenden Seiten gegeben seyen, und die Höhe die vierte geometrische Proportionallinie zu der Grundlinie, der Summe der Summe der Grundlinie und einer gegebenen geraden Linie und einer anderen gegebenen geraden Linie, und dem Ueberschusse jener Summe über diese gerade Linie sey.

Aufgabe 157.

Ein Dreieck zu beschreiben, in welchem der Winkel der Spitze, und die Summe der denselben einschliessenden Seiten gegeben seyen, und die Höhe die vierte geometrische Proportionallinie zu der Grundlinie, der Summe einer gegebenen geraden Linie und des Ueberschusses einer anderen gegebenen geraden Linie über die Grundlinie, und dem Ueberschusse jener gegebenen Linie über diesen Ueberschuſs sey.

Aufgabe 158.

Ein Dreieck zu beschreiben, in welchem der Winkel der Spitze, und die Summe der denselben einschliessenden Seiten gegeben seyen, und die Höhe die vierte geometrische Proportionallinie zu der Grundlinie, der Summe einer gegebenen geraden Linie und der Summe der Grundlinie und einer anderen gegebenen geraden Linie, und dem Ueberschusse jener gegebenen Linie über diese Summe sey.

Aufgabe 159.

Ein Dreieck zu beschreiben, in welchem der Winkel der Spitze, und die Summe der denselben einschliessenden Seiten gegeben seyen, und die Höhe die vierte geometrische Proportionallinie zu der Grundlinie, der Summe einer gegebenen geraden Linie und des Ueberschusses der Grundlinie über eine andere gegebene gerade Linie, und dem Ueberschusse jener gegebenen Linie über diesen Ueberschufs sey.

Aufgabe 160.

Ein Dreieck zu beschreiben, in welchem der Winkel der Spitze, und die Summe der denselben einschliessenden Seiten gegeben seyen, und die Höhe die vierte geometrische Proportionallinie zu der Grundlinie, dem Ueberschusse einer gegebenen geraden Linie über die Grundlinie, und dem Ueberschusse einer anderen gegebenen geraden Linie über die Grundlinie sey.

Anmerkung.

Setzt man in den zunächst vorhergehenden 13 Aufgaben, statt der Summe der den Winkel der Spitze einschliessenden Seiten, den Unterschied, oder die Summe der Quadrate derselben, oder den Umfang des Dreieckes, so erhält man 39 andere, in ähnlicher Art auflösbare, Aufgaben.

Bonn, 1825.

Gedruckt bey Anton Hacker

mit Büschler'schen Schriften.

MIX
Papier | Fördert gute Waldnutzung
FSC® C083411

Zeitfracht Medien GmbH
Ferdinand-Jühlke-Straße 7
99095 Erfurt, Deutschland
produktsicherheit@kolibri360.de